Printed Circuit Board

PCB 불량분석

김형록 저

홍릉과학출판사

머리말

국제 PCB 산업이 1980년대 이후부터 발전하고 확장하면서 PCB 업체에서는 끊임없이 발생하는 PCB 불량과의 전쟁을 치루면서 자체 기술력 상승 및 새로운 공법의 개발, 새로운 설비의 등장. 새로운 혁신적인 소재, 발전된 Chemical의 공정 투입 등으로 품질 면에서 upgrade되었으며, 이를 관리하는 관리 능력 등이 체계화되어 왔다.

국내 PCB 업계는 조금이라도 이윤을 극대화하기 위해서 공정, 원자재, 부자재 등의 원가 절감은 물론이고, 품질 혁신을 통하여 고부가가치 PCB를 개발하고 시장을 늘려나감으로써 계속적으로 발전해오고 있다.

현대 PCB 산업은 품질과의 싸움에서 이기느냐 지느냐에 따라 사업의 성패가 달렸다고 해도 과언이 아니다.

이에 본서에서는 그간 업계에서 경험해 오고 실제 원인 분석, 조치 방법에 대해 나름대로 정리하여 책으로써 PCB 종사자 및 Engineer, 품질 관련 종사자들과 PCB 전공 학생들을 대상으로 펴내게 되었으며, 이 책이 여러분에게 조금이나마 도움이 되었으면 하는 바람뿐이다.

끝으로 본 책을 집필하는데 도움을 주신 출판사와 편집부 여러분께 감사드린다.

저자 씀

목 차

PCB

불량 분석

1 단선(open) 및 쇼트(short)

이 장에서는 PCB에서 발생하는 단선(open) 및 쇼트(short)에 대하여 전 공정에 걸쳐 회로 및 홀(hole) 속에서의 원인 및 방지대책을 제시하였다.

1.1 단선(open)

PCB에서 단선(open)이라 하면 PCB를 구성하는 회로 및 홀(hole) 속이 어떤 원인에 의해서 끊어져 전기적으로 도통이 안 되는 것을 의미하며 이것은 PCB의 기능적인 면에서 치명적인 불량을 뜻한다.
따라서 PCB는 우선 품질적으로 단선(open)이 없어야 제 기능을 다할 것으로 예방 대책을 철저히 관리해 주어야 양질의 제품을 얻을 것이다.

불 량 명(거친 단선(open) 1)
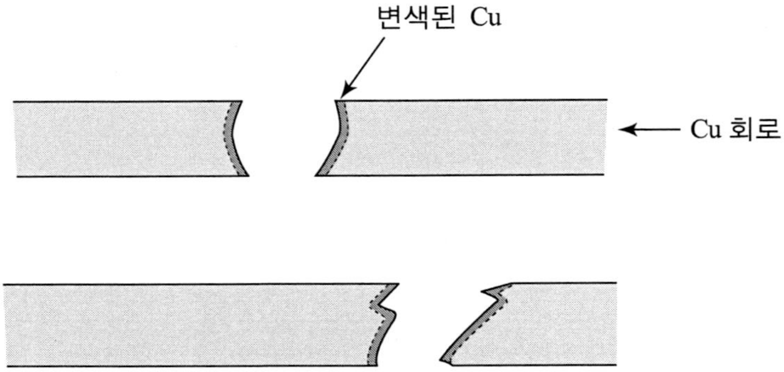
원 인
1. D/F 라미네이션(Lamination) 시에 cutting하는 과정 또는 롤러(roller)에 잔존하는 D/F 레지스트(resist)가 Cu와 D/F 사이로 유입되어 발생한다. 2. D/F 전 정면처리 시에 수세 후 오염물이 Cu 표면상에 잔존하여 발생한다.
방 지 대 책
1. D/F 라미네이션(Lamination)의 자동화가 우선 요건이고, 라미네이션(Lamination) 롤러(roller)의 청결 관리가 중요하다. 2. 정면기의 수세 후 스폰지 롤러(roller), Air Knife[1] 건조조의 롤러(roller)를 작업 전후 청결 유지를 한다.

1) Air Knife란 Air Cut와 같이 PCB 보드(Board) 위의 수분을 Air로 밀어서 제거한다는 뜻이다.

불 량 명(거친 단선(open) 2)

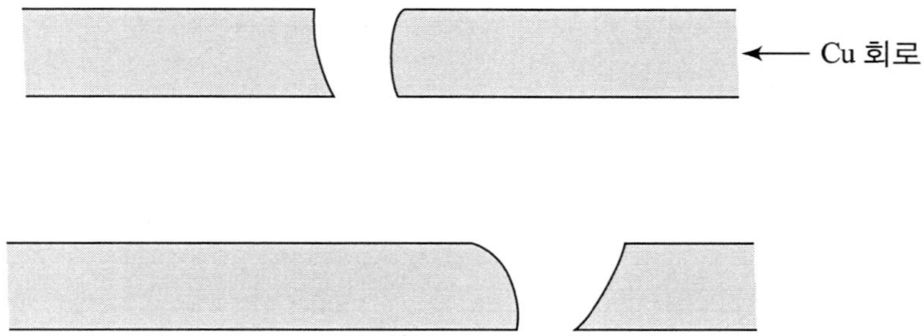

원 인

D/F 회로 형성 과정 중의 현상 과정에서 현상 후 수세, 탈수 건조 과정에서 D/F 레지스트(resist) Particle이 회로 상에 달라붙어서 발생한다.

방 지 대 책

1. PCB 보드(Board)의 외곽 모서리에 U.V 빛을 받게 필름(film) 및 보드(Board)의 사양에 문제가 있을 수 있으므로 근본적으로 필름(film)의 외곽을 U.V 빛을 못 받도록 처리해야 한다.
2. 현상기의 수세 이후 롤러(roller)의 잦은 세척관리가 필요하다.

불 량 명(가늘어진 단선(open) 1)

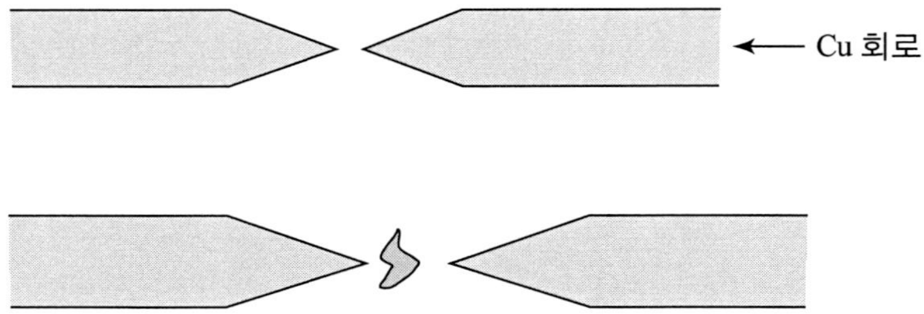

원 인

1. D/F 노광 작업 시 vacuum(진공)이 부족하여 아트워크 film(Artwork film)과 PCB 사이에 Air pocket이 생겨서 빛의 굴절로 발생한다.
2. D/F 노광 작업 시 아트워크 필름(Artwork film)과 PCB 사이에 이물질이 유입되어 U.V 빛의 차단 및 굴절로 발생한다.

방 지 대 책

1. 노광기의 vacuum 장치의 진공압 확인 체크 및 진공 펌프 확인이 필요하다.
2. D/F 노광 작업 시 room의 청정도 유지 및 이물질의 cleaning 작업이 계속 이루어져야 한다.

불 량 명(가늘어진 단선(open) 2)

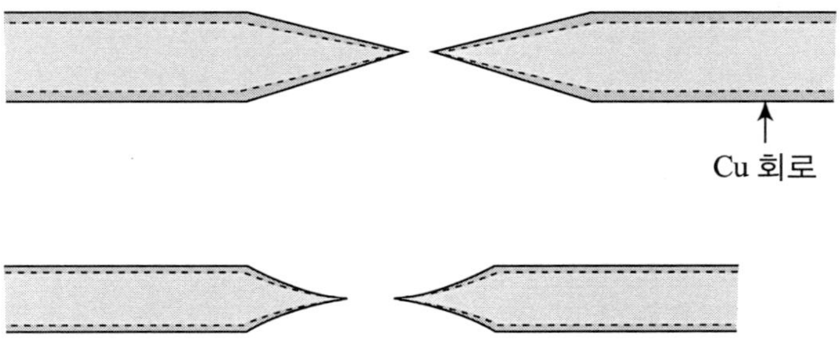

원 인

1. 산 또는 알카리 부식에서 과도한 부식(over etching)으로 인해서 발생한다.
2. 외층 패턴 도금 공법인 경우 솔다 박리조에서의 장시간 처리에 의해서도 발생한다.

방 지 대 책

1. 부식에서의 over etching 여부를 회로 폭 변화로 확인하고, 조건(비중, 온도, break point[2]), PH 등)을 체크한다.
2. 솔다 박리용액의 조건(온도, 농도 등)과 구동 롤러(roller)의 상태 등을 확인한다.

2) Break Point는 여러 공정에서 공통으로 쓰이는 말로 "처리가 다 된 지점"이란 뜻으로 부식일 경우 부식이 다 된 지점을 의미한다.

불 량 명(실 단선(open))
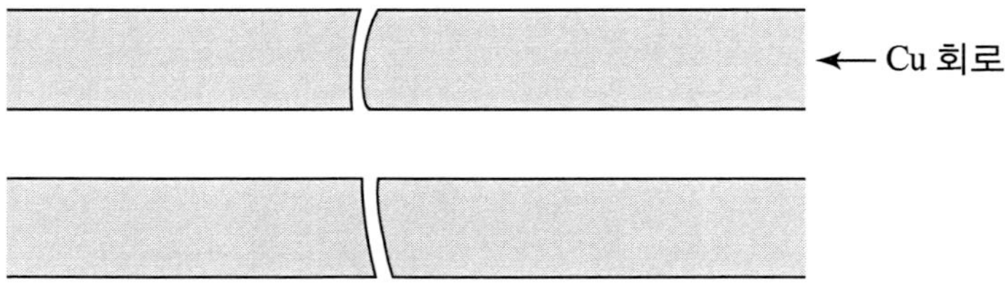
원 인
1. 작업 필름(film)상에 미세한 스크래치로 인하여 고정성으로 발생한다. 2. D/F 라미네이션(Lamination) 시에 직물가닥 유입 및 작업자의 머리카락 및 부유하던 실 먼지 등의 유입으로 발생한다.
방 지 대 책
1. 작업 필름(film) 제작 후 필름(film) 검사 실시 및 필름(film) 취급 시 주의를 요한다. 2. D/F room의 clean화 및 무진복, 무진모 등의 청결 관리가 필요하다.

불 량 명(오염 단선(open))

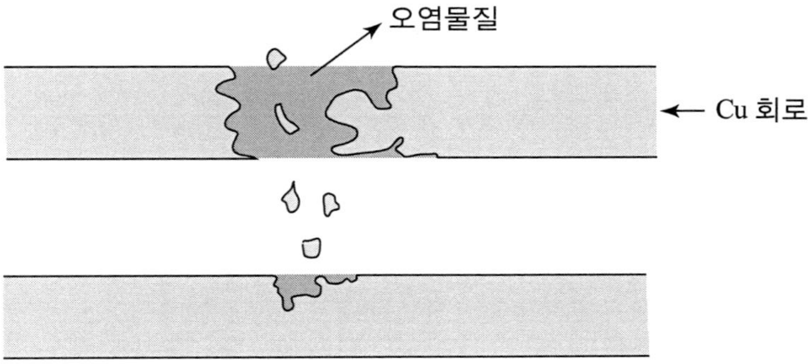

원 인

Cu 표면상의 Tape 찐 등이 회로와 회로 이외에 잔류하여 회로 상에서는 도금 레지스트(resist))로 작용하여 단선(open)을 일으키고, 회로 이외의 부분에서 부식 레지스트(resist)로 잔류동을 유발한다.

방 지 대 책

Tape를 사용하는 공정에서 Tape 찐이 유입되는 잘못된 사용방법, Tape 종류, 유입 경로를 조사하여 근본적으로 유입이 안 되도록 개선시킨다.

불 량 명(스크래치 단선(open) 1)
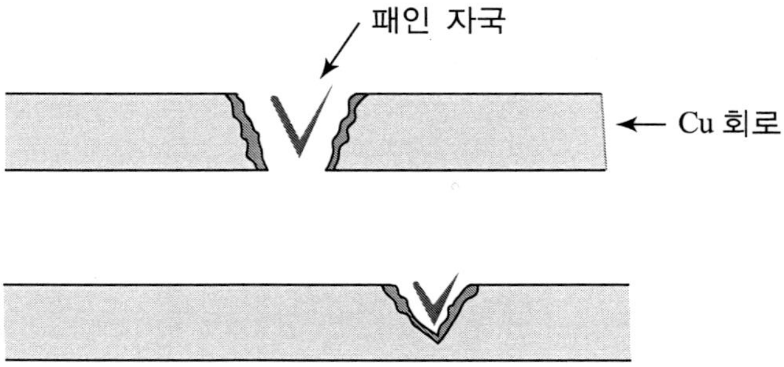
원 인
전기 도금 전에 찍혀서 Cu가 손상이 간 상태에서 절연체가 노출되어 전기 도금되어 도금이 안 된 상태에서 부식되어 단선(open)이 발생된다.
방 지 대 책
D/F 회로 형성 후 취급 또는 이동 및 전기 도금 직전의 작업 행동 분석, 작업 방법을 분석하여 원인 규명하여 방법 개선을 해야 한다.

불 량 명(스크래치 단선(open) 2)

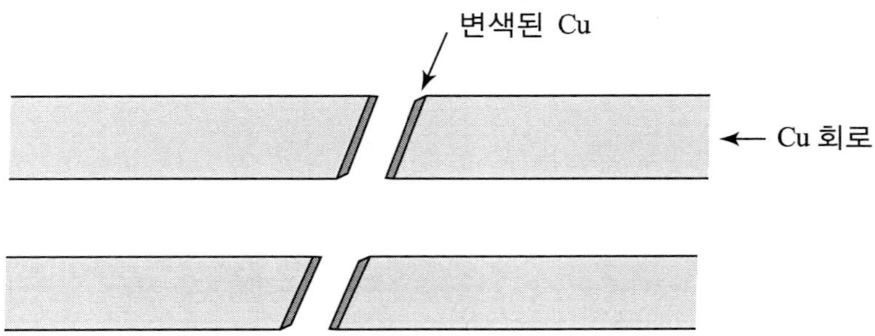

원 인

부식 직전 스크래치에 의해서 부식 레지스트(resist) 즉, 내층일 경우 D/F, 외층 패널 도금 방식일 경우 D/F, 외층 패턴 도금 방식일 경우 솔다가 벗겨져 부식이 진행된 경우에 발생한다.

방 지 대 책

내층과 외층 패널 도금 방식에서는 D/F 현상에서 부식 직전까지의 기계적인 문제이고, 외층 패턴 도금 방식에서는 D/F 박리에서 부식 진전까지의 기계적인 문제이므로 이 부분을 정밀 체크하여야 한다.

불 량 명(스크래치 단선 (open) 3)

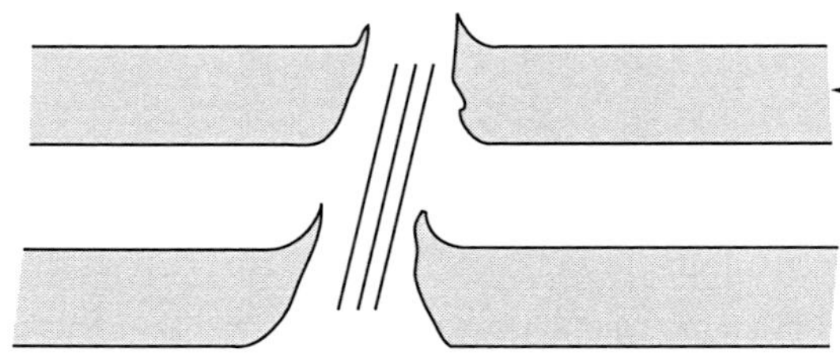

원 인

부식이 끝난 후 스크래치에 의해서 회로가 밀려서 발생한다.

방 지 대 책

부식이 완료되어 작업 진행되는 기계적인 결함 또는 이동 시 작업방법 등을 확인 체크하여야 한다.

불 량 명(Non-P.T. H 1)

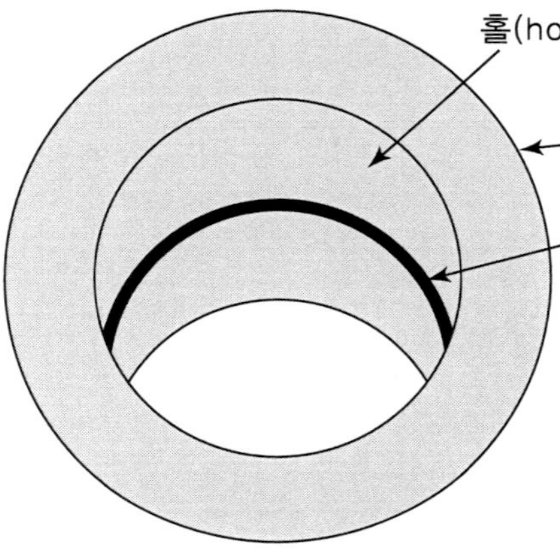

원 인

1. 패턴 동 도금 시 첫 전처리인 탈지용액의 wetting력이 부족하여 air pocket이 형성되어 후속 약품처리가 안되어 ring void가 발생한다.
2. 전기 동 도금 시 반응의 부산물인 H_2 gas가 홀(hole) 속에 갇혀 동 도금을 방해하여 ring void가 발생한다.

방 지 대 책

1. 탈지용액은 wetting력이 우수한 약품을 사용해야 하며 부수적으로 온도, 농도, 처리시간을 최적의 조건으로 맞춘다.
2. 전기 동 도금 라인(Line)에서 vibrator 및 jet 교반장치 등을 보완하여 H_2 gas의 홀(hole) 속 잔류를 방지한다.

불 량 명(Non-P.T.H 2)

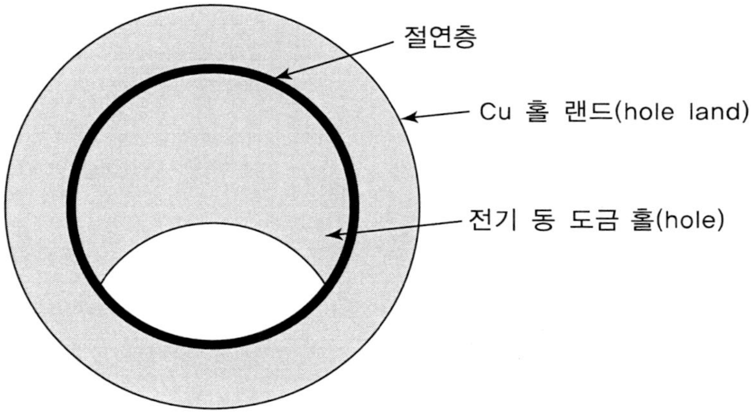

원 인

무전해 동 도금(P.T.H) 후 에 burr가 심했던 홀(hole)을 bristle 브러시(brush) 정면을 하여 랜드(land) 주변의 P.T.H층이 손상이 간 채로 패턴 동 도금을 실시하여 발생한다.

방 지 대 책

P.T.H 후에 정면처리는 컴프레스트(compressed) 또는 buff 브러시(brush)정면처리를 실시하여야 한다.

불 량 명(Non-P.T.H 3)

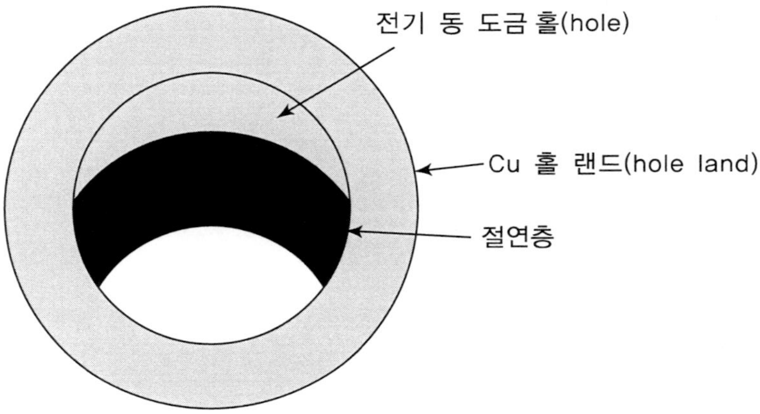

원 인

무전해 동 도금(P.T.H) 후에 회로 형성 후 패턴 전기 동 도금 시 전처리에서 soft etching이 너무 과도하게 처리되어 무전해 동 도금 층이 부식 되어 절연층이 노출된 채로 전기 동 도금이 진행되어 발생된다.

방 지 대 책

전기 동 도금 시 전처리인 soft etching의 etch rate(부식률)을 체크해 보고 무전해 동 도금 층이 안전한 정도의 soft etching 조건을 재설정하여 세팅(setting)하여야 한다.

불 량 명(Non-P.T.H 4)

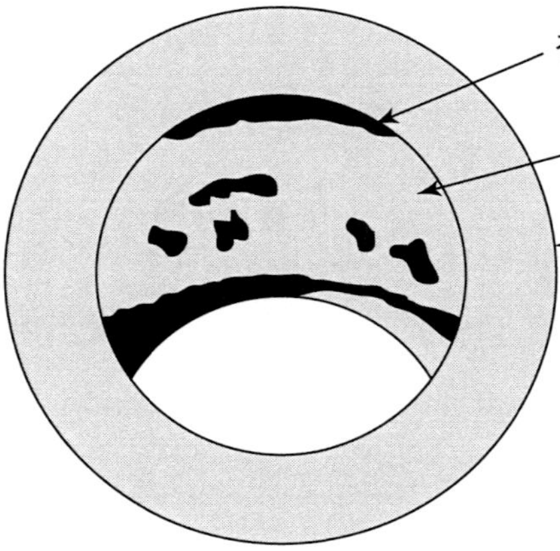

원 인

1. 무전해 동 도금(P.T.H)에서 발생한 보이드(void)가 그대로 전기 동 도금까지 진행되어 발생한다.
2. 무전해 동 도금(P.T.H) 후에 후처리 및 D/F 현상 시 오염물이 홀(hole)) 속에 잔류하여 전기 동 도금 레지스트(resist)로 작용하여 발생한다.

방 지 대 책

1. P.T.H의 보이드(void) 발생 원인을 분석하여 보이드(void)를 방지해야 한다.
2. P.T.H 후처리 및 D/F 현상 시 오염물 등의 발생 원인을 분석 조치하여야 한다.

불 량 명(과다 단선(open))

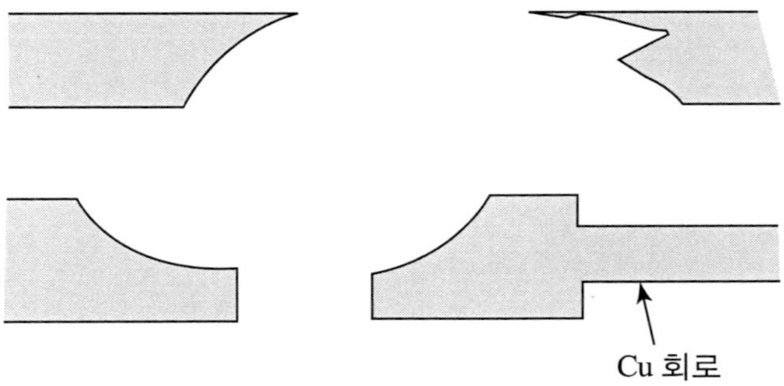

원 인

1. D/F 미 현상에 의해서 D/F 레지스트(resist)가 회로 도금 레지스트(resist)로 작용하여 발생한다.
2. D/F 현상 시 보호 필름(film)의 제거 미스(miss)로 보호 필름(film)이 도금 레지스트(resist)로 작용하여 발생한다.

방 지 대 책

1. D/F 현상조건(Na_2CO_3 농도, 온도, break point 등)을 재확인해 보아야 한다.
2. D/F 현상 시 보호 필름(film)을 벗겨내는 작업 방법을 개선한다.

불 량 명(내층 단락)

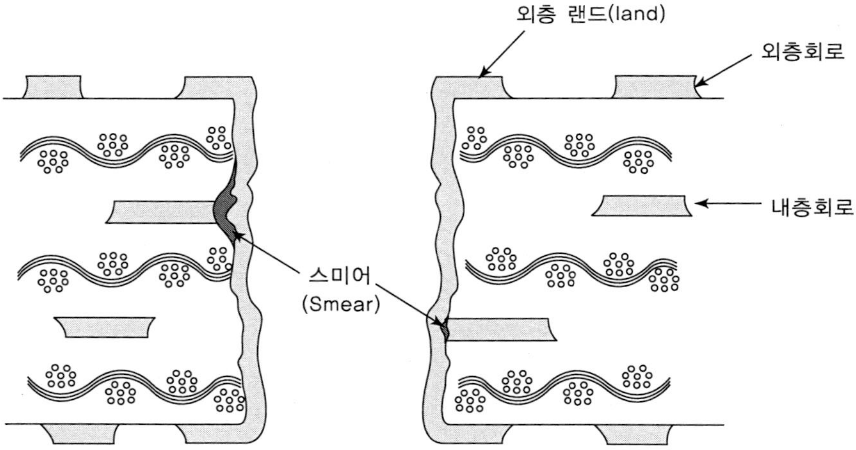

(4층 MLB x-section 모습)

원 인

다층 PCB의 드릴 가공 후 발생하는 smear(탄화 절연체)를 불확실하게 제거한 상태에서 후속 도금이 진행되어 내층 회로와 홀(hole) 속 도금 층이 분리되어 발생한다. 전기적으로 내층과 open된 상태이다.

방 지 대 책

1. Desmear 조건을 재확인하여 절연층 etch rate를 체크하여 조건 재보완 조치한다.
2. CNC drill 조건의 문제점 유무를 확인한다.

1.2 쇼트(short)

PCB에 있어서 쇼트(short)는 PCB를 구성하는 회로와 홀(hole) 속에서 원치 않는 회로 간 또는 홀(hole) 속(내층 간)에서 전기적으로 도통됨으로써 기능적인 이상을 가져오게 하는 중대 불량으로 쇼트(short) 역시 예방 대책을 잘 관리하여 최소화시켜야겠다.

불 량 명(노광 이물질 쇼트(short))

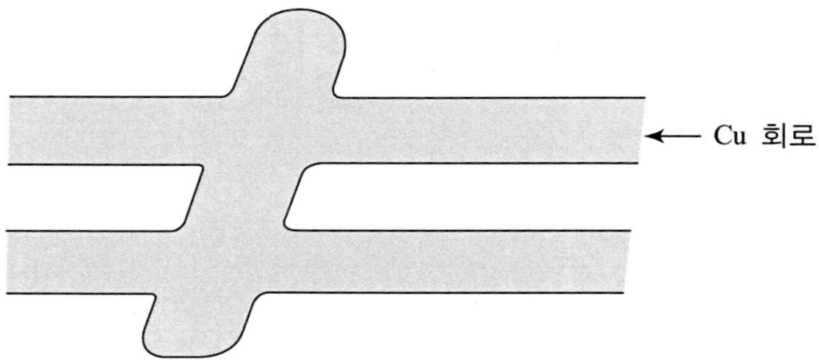

원 인

1. D/F 노광 시에 이물질이 유입되어 U.V 빛을 차단하여 차단된 부위가 현상되고 이 현상된 base Cu 위에 전기 동 도금이 되어 발생한다.
2. 작업 필름(film) 또는 마일라(Mylar), 유리(Glass) 등의 노광 프레임에 이물질이 유입되어 고정성 short를 일으킨다.

방 지 대 책

1. D/F 노광 room의 clean room이 잘 유지되어야 하고, 매 작업 시 cleaning 작업이 따라 주어야 한다.
2. 필름(film), 마일라(Mylar), 유리(Glass) 면의 cleaning 및 class 유지 관리가 선행되어야 한다.

불 량 명(D/F 미 박리 쇼트(short))

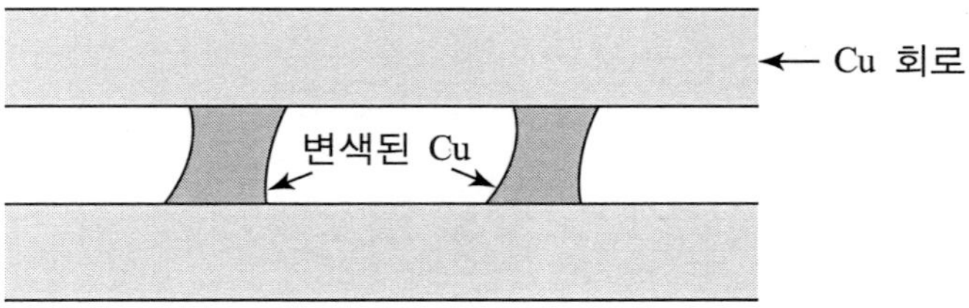

원 인

1. 외층회로 형성과정 중 D/F 박리 시 밀집회로 사이의 D/F이 미 박리된 상태에서 부식되면서 base Cu가 약하게 부식되어 잔류하여 쇼트(short)를 유발한다.
2. D/F 박리 후 수세가 부족하여 알카리 성분에 의한 산화로 이 부위가 미부식되면서 쇼트(short)를 유발한다.

방 지 대 책

1. D/F 박리 조건 재확인(박리용액 농도, 온도, break point 등)하여 보완 조치를 해야 한다.
   필요 시 도금 두께 확인이 필요하다.
2. D/F 박리 후 수세 노즐, 압력 확인 및 박리용액의 농도 및 온도 등을 확인한다.

불 량 명(D/F 뜸 쇼트(short) 1)

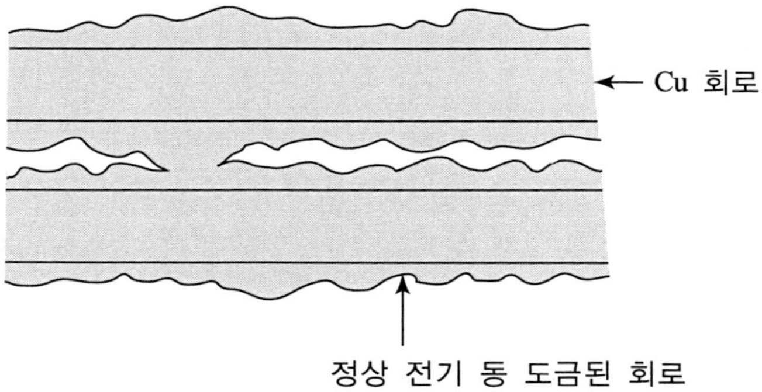

원 인

1. D/F 라미네이션(Lamination) 전처리(기계적 정면 또는 chemical 정면)에서 Cu 표면의 전반적 오염으로 발생한다.
2. D/F 라미네이션(Lamination) 불량(핫 롤러(Hot roller)의 낮은 온도, 낮은 압력, 빠른 속도 등)으로 발생한다.

방 지 대 책

1. D/F 라미네이션(Lamination) 전처리의 수세 후의 오염원의 발생 유무를 확인한다.
2. D/F 라미네이션(Lamination) 조건을 확인한다(핫 롤러(Hot roller) 온도, 압력, 속도 등).

불 량 명(D/F 뜸 쇼트(short) 2)

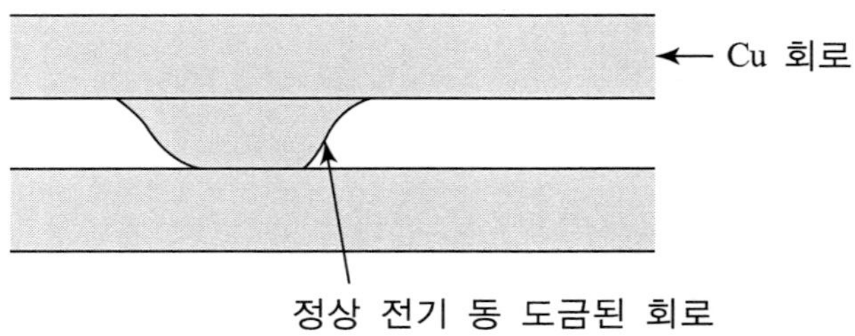

원 인

D/F 전 정면처리 후 수세 수 등의 오염으로 인한 물방울 자국의 산화된 부위에서 발생한다.

방 지 대 책

D/F 전 정면기의 수세 수의 오염 정도를 확인하고, 수세 후 롤러(roller) 등의 오염 여부도 확인한다.

불 량 명(D/F 뜸 쇼트(short) 3)

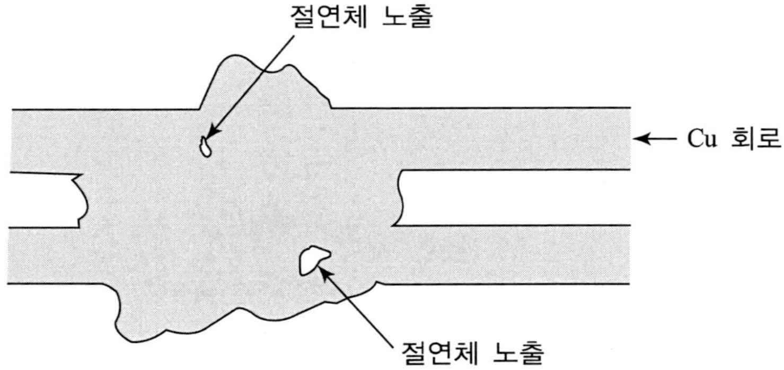

원 인

D/F 현상 후에 어떤 원인에 의해 스크래치가 발생되어 D/F이 심하게 벗겨지고, 벗겨진 D/F이 부분적으로 남아 도금 레지스트(resist) 역할을 하여 절연체 노출도 나타난다.

방 지 대 책

D/F 현상 후의 기계적인 스크래치 요인 및 현상 후에서 전기 도금 전까지의 운반, 이송 과정 등을 관찰. 확인하여 원인을 찾아야 한다.

불 량 명(D/F 뜸 쇼트(short) 4)

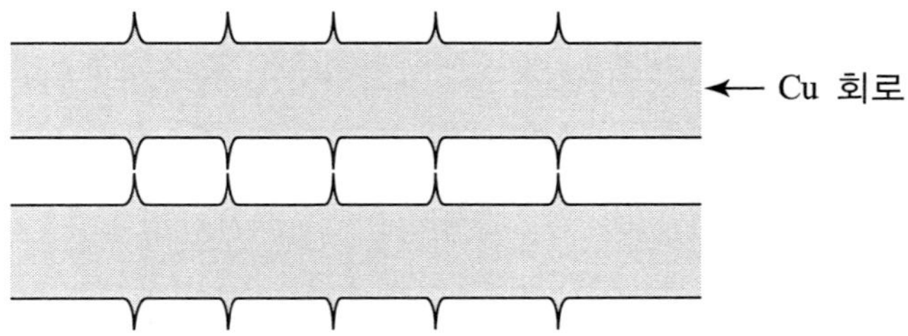

원 인

1. D/F 라미네이션(Lamination) 시 조건 특히, 압력, 속도가 너무 약하게 처리되었을 때 나타난다.
2. D/F 전 정면처리가 미흡하였을 때 나타난다.

방 지 대 책

1. PCB 두께별 D/F 라미네이션(Lamination) 조건을 달리하며 얇을수록 압력과 속도를 강화한다.
2. D/F 전 브러시(brush) 정면의 상하면 압력 및 균일 정면처리 여부를 확인, 조치한다.

불 량 명(오염 쇼트(short))

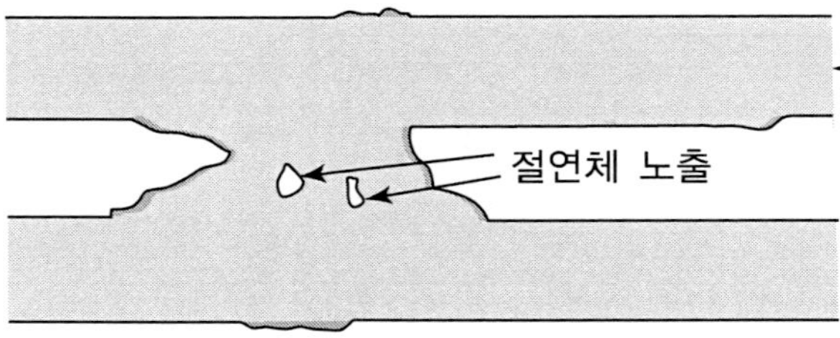

원 인

무전해 동 도금(P.T.H) 전후의 Cu 표면의 tape 찐 등의 오염으로 부식 레지스트(resist) 역할을 하여 발생한다.

방 지 대 책

무전해 동 도금(P.T.H) 전후 공정 중 tape를 사용하는 공정 및 설비 등을 집중 점검하여 유입 경로를 차단하여야 한다.

불 량 명(원판 쇼트(short))

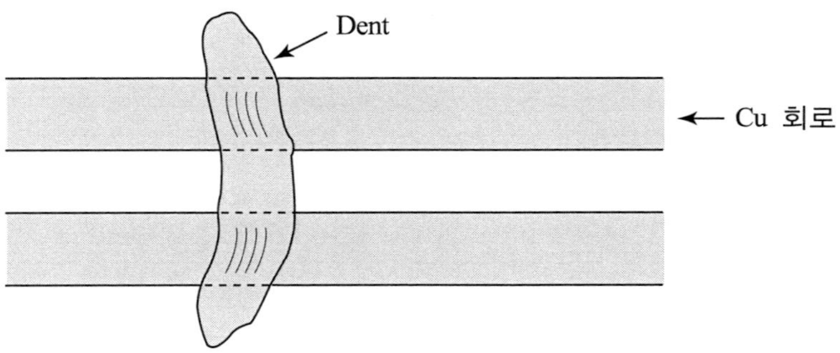

원 인

원판 제조업체에서 제조 시 레이-업(Lay-up) 및 프레스(press) 시 이물질이 유입된 상태로 진행되어 동박이 눌려져서 dent[3])가 발생하여 이 dent 부위가 부식 레지스트(resist)로 작용하여 발생한다.

방 지 대 책

원판 입고 시 수입 검사를 철저히 하여 불량 원판이 생산에 투입되지 못하게 하여야 한다.

3) Dent의 말뜻 그대로 움푹 들어간 부위를 말한다.

불 량 명(찍힘 쇼트(short))

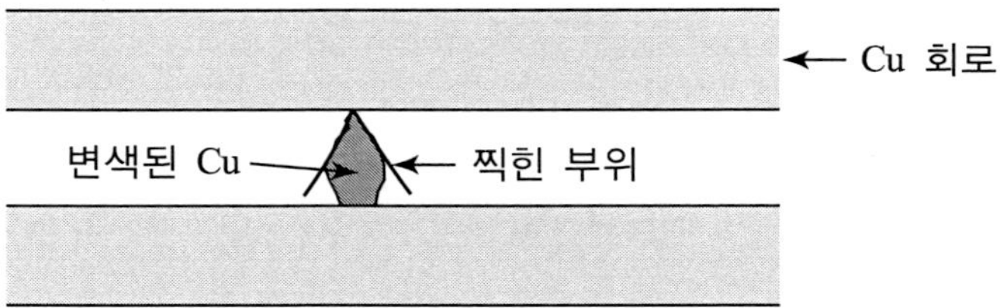

원 인
원판에 찍힘이 발생하여 공정이 진행되어 찍힘 부위로 도금용액이 유입되어 쇼트를 유발한다.

방 지 대 책
원판의 수입 검사를 철저히 하여 불량 원판의 유입을 방지하고, 양호한 원판이라도 초기 재단에서 드릴까지 발생할 수 있는 가능성도 체크한다.

불 량 명(마이크로 쇼트(short))

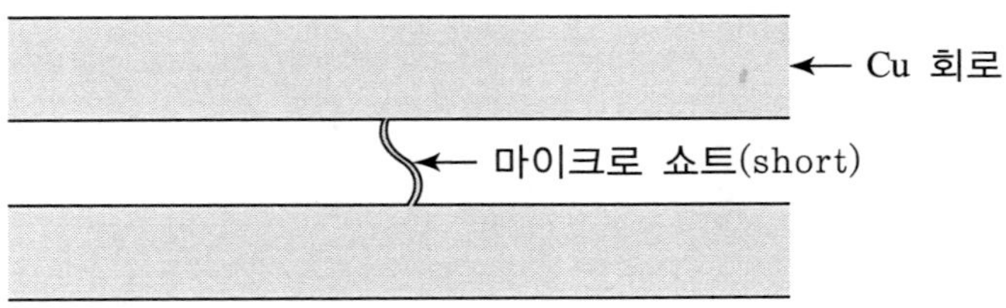

원 인

PSR 인쇄 전에 정면처리 시 bristle 브러시(brush)로 정면처리 할 때 브러시(brush) 올이 회로의 측면을 긁으면서 Cu가 미세하게 떨어져 나와 옆 회로에 쇼트(short)가 발생한다.

방 지 대 책

우선 정면기의 브러시(brush)는 bristle type은 사용을 금하고 컴프레스트(compressed) 또는 buff type을 적용하고, 공정을 브러시(brush) 정면 + soft etching을 혼합하여 사용한다.

불 량 명(입자 쇼트(short))

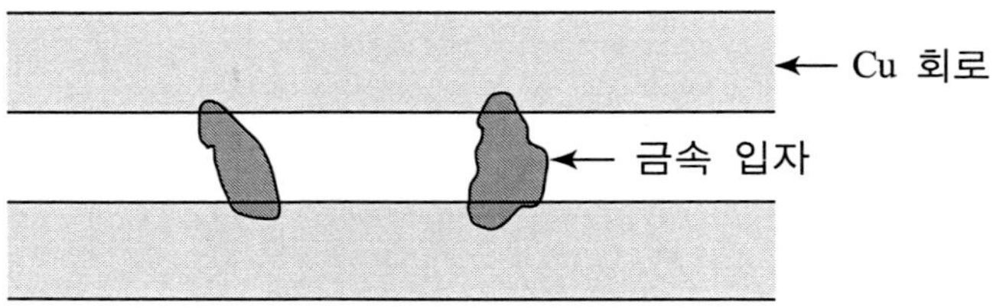

원 인

1. 전기 동 도금용액의 오염으로 인하여 발생한다.
2. 전기 동 도금의 Anode ball 바스켓 속의 철, 동가루 등의 성분의 유출로 인한 회로 흡착으로 발생한다.

방 지 대 책

1. 전기 동 도금용액의 주기적인 카본 필터 처리 및 카본(활성화)처리로 방지한다.
2. Anode Ball 바스켓 여과포의 상태 확인 및 필요 시 교체 처리한다.

불 량 명(HAL 쇼트(short))
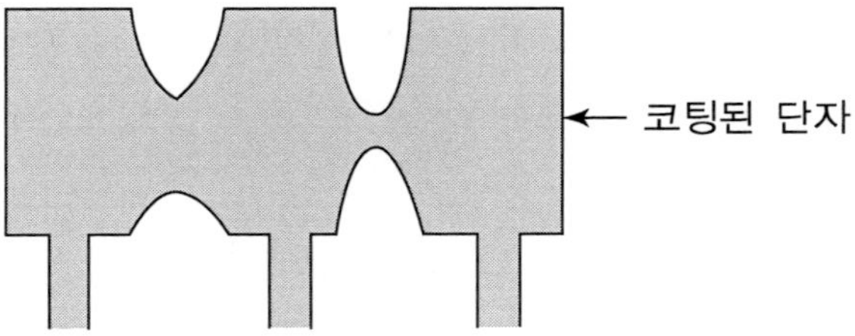
원 인
HAL[4] 처리의 용융 솔다(SnPb)의 과잉 도포로 인하여 발생된다.
방 지 대 책
HAL 처리의 조건 즉, HAL 온도, 처리시간, 노즐의 각도, 압력 등과 솔다(SnPb)의 불순물 정도를 확인한다.

4) HAL은 Hot Air Levelling의 약자로 뜨거운 공기로 편편하게 만든다는 뜻으로 용융 솔다를 뜨거운 Air로 불어서 솔다 코팅 층을 편편하게 해주는 공정이다.

참고문헌

1. Circuit World Vol.15 No 2, Inner layer or post Cracking on Multi layer printed Circuit Boards by British aerospace, Dynamics Division, Bracknell, Berkshire, Engand. 1989.
2. Circuitree, ine Lines in high yield(part LI)
   The alchemy of Strip ping(part A) by Karl H. Dietz, November 1999.
3. Printed Circuit fabrication asia Vol 4. No. 2, Dry film Strip ping Solutons by Daniel primett, March/Aprill 1996.
4. Circuitree, Uniform Solder Coating Through Hot air Levelling by Nimal Liyanage. Ph. D, March 1998.
5. Circuit world Vol. 20 No.4, Desmear–The Key proesses for reliable Through–plating of printed Circuitry by a angstenberger. 1994.

PCB

불량 분석

2

PCB 공정별 불량

이 장에서는 PCB 제조 세부 공정별 발생하는 단선(open), 쇼트(short), 기타 불량을 일으키는 다양한 공정 불량을 다루었고 이것을 잘 관리한다면 양질의 PCB를 제조할 수 있을 것이다.

2.1 필름(film) 불량

필름(film)은 PCB에 회로를 형성시켜 주기 위한 A/W 작업 필름(film)을 의미하며 이 필름(film)을 제조하는 과정 중에 발생한다. 필름(film)에 불량이 발생하여 이것이 여과 없이 생산 라인(Line)에 투입되었을 때는 고정성 대량 불량을 일으키므로 철저한 예방관리가 필요하며, 이를 위해 지속적인 공정관리가 되어야 한다.

불 량 명(패턴 단선(open))

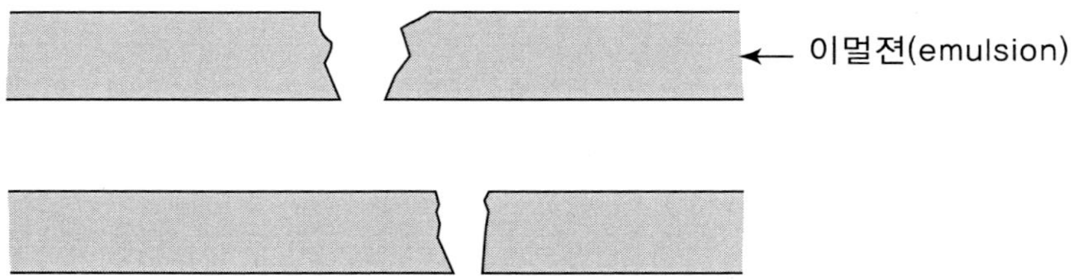

원 인

은염(Silver halide) 필름(film) 위의 이물질, 먼지 등이 있는 상태에서 laser photo plotting[5)]이 되어 laser beam의 차단으로 현상 후 발생한다.

방 지 대 책

일차적으로 암실은 clean room으로 class 100을 유지하여야 하며, laser plotting 전 필름(film) cleaning을 실시한다.

---

5) Laser광으로 CAM Data를 그대로 원 필름(film)에 쪼여주는 장비로 필름(film)에 회로 등을 그려주는 장비이다.

불 량 명(패턴 가늘어짐)

원 인

1. Laser plotting 시 laser 광량의 부족으로 발생한다.
2. Laser plotting 후 현상조건의 과다로 인해 발생한다.

방 지 대 책

1. Laser plotting의 laser 광량의 체크가 필요하다.
2. 현상 조건(온도, 농도, 처리시간 등)을 재확인 조정한다.

불 량 명(패턴 두꺼워짐)

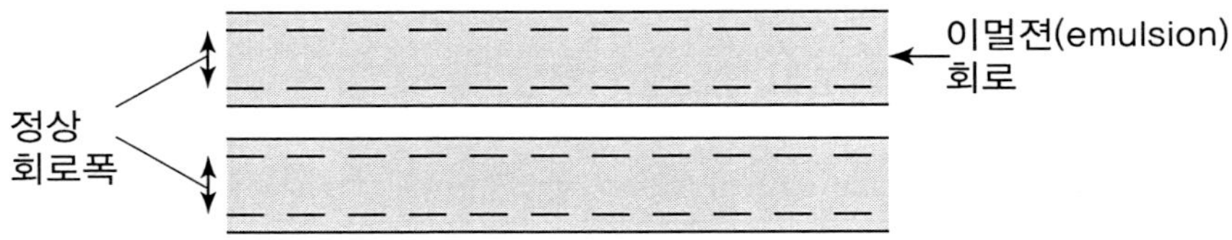

원 인

Laser plotting의 laser 광량이 과다하게 조사되어 발생한다.

방 지 대 책

Laser plotting의 광량을 확인 조정한다.

불 량 명(현상 불량 1)

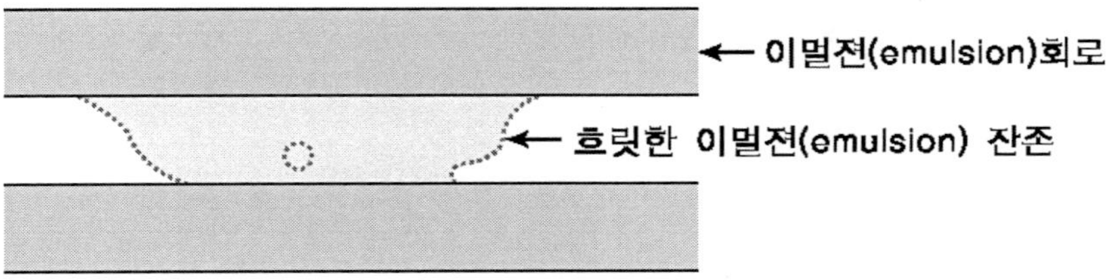

원 인

1. 노화된 현상용액으로 현상하여 laser광이 조사 안 된 부위가 제대로 현상되어 않아 발생한다.
2. 필름(film)이 오래되어 사용기간이 넘은 필름(film)을 현상할 때 발생한다.

방 지 대 책

1. 현상용액을 교체하여야 하고, 현상용액의 사용주기(필름(film)의 현상 매수, 농도 분석 등)를 명시하여 사용한다.
2. 필름(film)의 사용기간을 준수하여야 한다.

불 량 명(현상 불량 2)

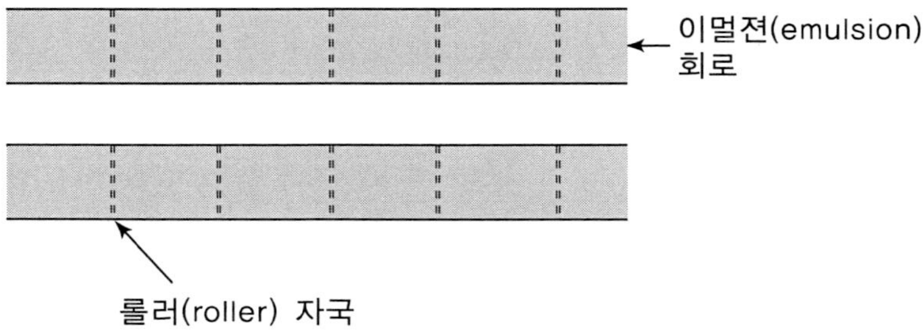

원 인

1. 현상용액이 노화되어 부분적으로 미 현상이 발생한다.
2. 현상기 내부의 롤러(roller)가 오염되어 규칙적인 롤러(roller) 자국이 난 부위에서 미 현상이 발생된다.

방 지 대 책

1. 현상용액을 즉시 교체하여야 한다.
2. 현상기 내부의 롤러(roller)는 오래 사용하다보면 고형분이 생성되어 오염을 시키므로 주기적으로 현상용액 교체 및 롤러(roller)의 주기적 세척이 필요하다.

2.2 D/F 불량

PCB에 있어서 D/F 공정은 매우 중요한 공정으로 PCB에 최초로 회로를 형성하는 공정이다.
따라서 D/F 공정에서의 불량은 곧, 단선(open)과 쇼트(short)를 일으키고 품질에 큰 영향을 미친다.
D/F 공정관리 및 품질관리는 대단히 중요하므로 철저히 지속적으로 이루어져야 한다.

불 량 명(표면 오염 및 산화)

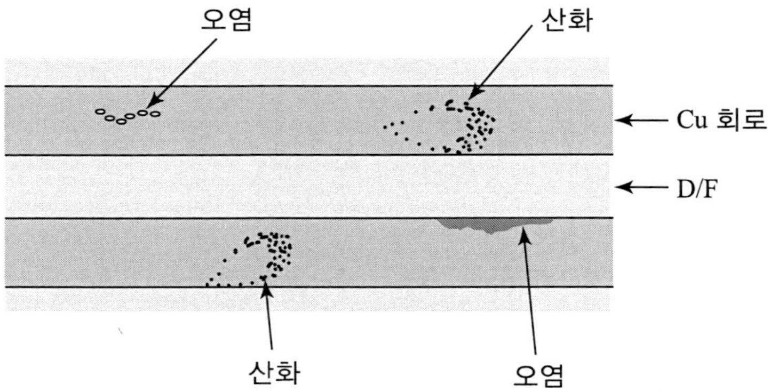

원 인

1. D/F 현상 후에 물기가 미건조된 상태에서 산화되어 발생한다.
2. D/F 현상 후 소포제 성분 등이 수세가 불충분하여 남아서 발생한다.
3. 정면 후 물기가 미 건조되거나, 오염 성분 등이 남아서 발생한다.

방 지 대 책

1. D/F 현상 후 탈수상태 및 건조조의 온도 등을 확인한다.
2. D/F 현상 후 수세상태(수량, 노즐 스프레이(spray)상태 등) 및 소포제의 적절성을 체크한다.
3. 정면 후 탈수 및 건조 온도, 롤러(roller) 오염 여부를 확인한다.

불 량 명(D/F 라미네이션(Lamination) 불량 1)

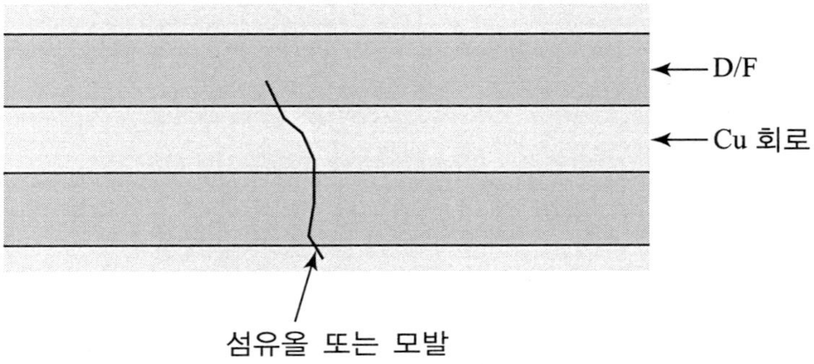

원 인

D/F 라미네이션(Lamination) 시 직물 섬유 및 모발 등이 유입된 채로 D/F이 라미네이션(Lamination)되어 발생한다.

방 지 대 책

항상 D/F 라미네이션(Lamination) 시에는 무진복을 착용하고 무진모, 무진장갑도 착용하고 작업하며, clean room의 class 관리가 잘 되는지 주기적 확인이 필요하다.

불 량 명(D/F 라미네이션(Lamination) 불량 2)

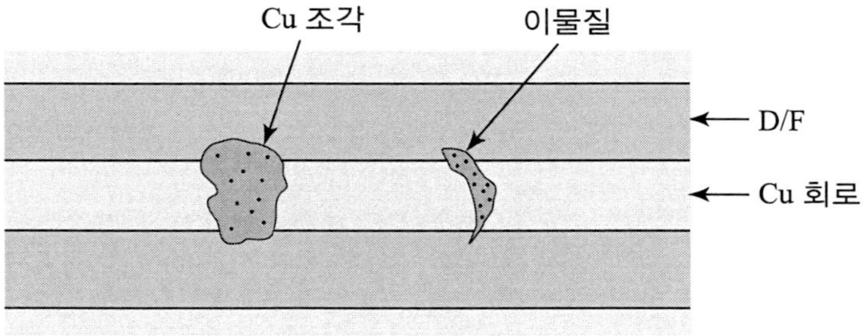

원 인

D/F 라미네이션(Lamination) 시 보드(Board) 모서리 또는 정면 시 발생한 Cu 조각이 유입되거나, 이물질 등이 유입되어 D/F 라미네이션(Lamination)이 되어 발생한다.

방 지 대 책

D/F 라미네이션(Lamination) 전 보드(Board) 상태를 샘플링(sampling) 검사해 보고 정면 후의 상태도 확인하여 보드(Board) 모서리 문제인지 정면 후 표면 또는 홀(hole) 속 Cu의 발생 유무를 확인하여 조치한다.

불 량 명(D/F 라미네이션(Lamination) 불량 3)

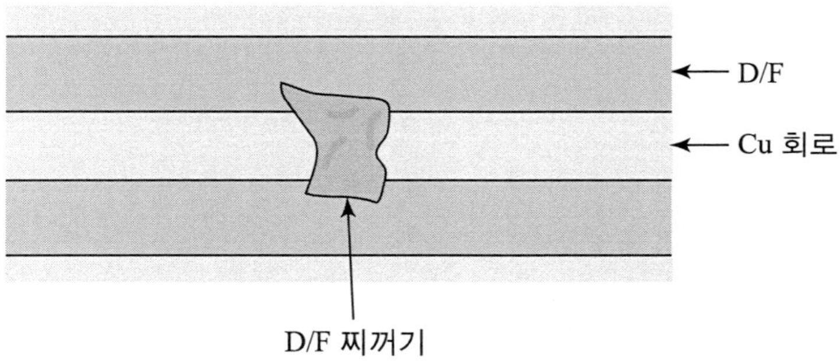

원 인

D/F 라미네이션(Lamination) 시 라미네이터 롤러(roller) 또는 감겨 있는 D/F 모서리 부위가 오래되어 굳은 상태에서 롤링되면서 떨어져 보드(Board)로 유입되어 발생하거나 D/F 현상 후 불량 난 PCB를 재처리하는 과정 중에 D/F이 미 박리된 채로 다시 D/F 라미네이션(Lamination)될 경우 발생된다.

방 지 대 책

1. D/F 라미네이션(Lamination) 롤러(roller)의 작업 전 cleaning 및 edge fuse(모서리 굳는 현상)가 있는 D/F은 사용하지 말아야 한다.
2. D/F 불량 재처리 보드(Board)의 D/F 박리 후 표면 상태를 확인해 본다.

불 량 명(D/F 라미네이션(Lamination) 불량 4)

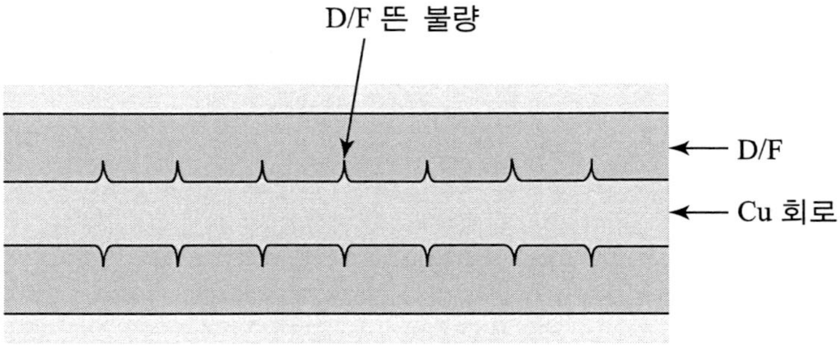

원 인

D/F 라미네이션(Lamination) 조건 미흡(온도, 압력, 속도) 및 D/F 라미네이터 핫 롤러((Hot roller) 불량 등으로 발생한다.

방 지 대 책

1. D/F 라미네이션(Lamination) 조건을 강화하여 라미네이션(Lamination)을 해보고 확인한다.
2. D/F 라미네이션(Lamination) 롤러(roller)의 편편도를 확인해 본다.

불 량 명(D/F 라미네이션(Lamination) 불량 5)

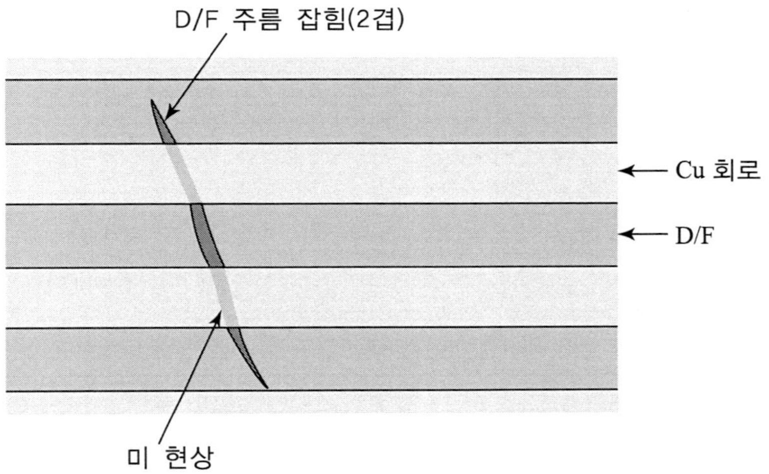

원 인
D/F 라미네이션(Lamination) 시 좌우 텐션(tension)의 차이로 인해 발생하거나 라미네이터 롤러(roller)의 흠집 또는 수평 관계의 문제로 발생한다.

방 지 대 책
D/F 라미네이션(Lamination) 시 장착된 D/F 롤러(roller)의 좌우 텐션(tension)을 필름(film) 또는 얇은 Cu foil 등으로 정확히 맞추고, 핫 롤러(Hot roller)의 흠집, 수평 등도 잡아서 재확인한다.

불 량 명(노광 불량 1)

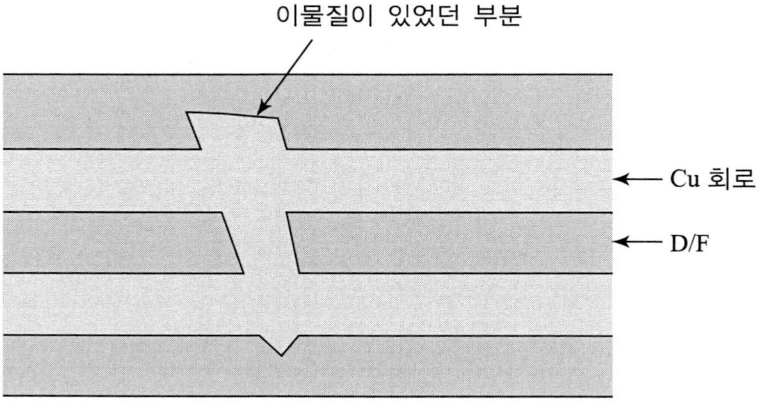

원 인

D/F 노광 시에 이물질이 유입되어 U.V 빛을 받을 부분이 차단되어 D/F 현상 후 나타난다.

방 지 대 책

D/F 노광 작업 시 이물질의 유입은 100% 예방할 수 없기 때문에 매 노광 작업 시 cleaning 작업을 해 준다.

불 량 명(노광 불량 2)

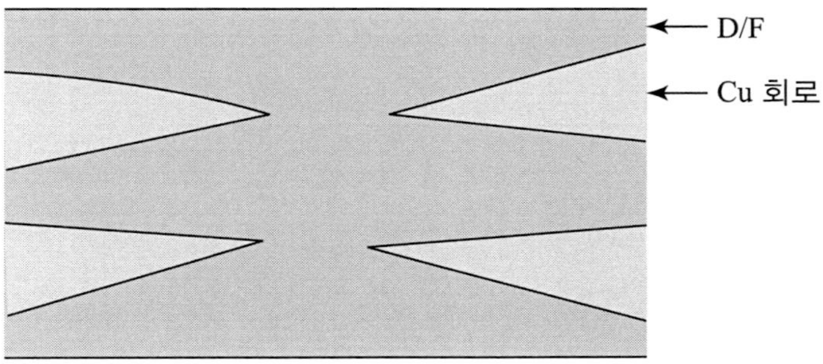

원 인

노광 작업 시 필름(film), 마일라(Mylar), 유리(Glass)와 함께 D/F 라미네이션(Lamination)된 보드(Board)를 완전 밀착시키기 위해 진공을 잡아주는데 진공이 완전히 이루어지지 않아 U.V 빛이 굴절되어 회로가 가늘어지는 불량이 발생한다.

방 지 대 책

노광 작업 시 진공을 잡았을 때 진공 게이지 상에 진공이 −76CmHg 부분까지 잡히는지 확인하고 진공 보조도구를 세팅(setting)하여 보완한다.

불 량 명(노광 불량 3)

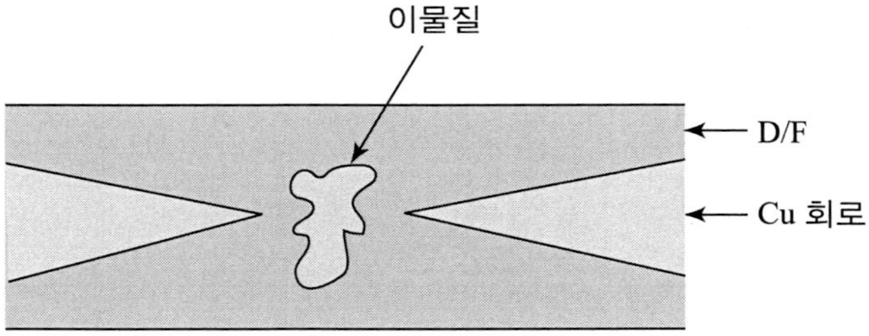

원 인

D/F 노광 작업 시 작업 필름(film) 속으로 이물질이 들어가 D/F이 라미네이션(Lamination)된 보드(Board)와 작업 필름(film) 사이가 떠서 U.V 빛이 굴절되어 회로가 가늘어지고, 이물질에 의해 U.V 빛이 차단되어 이물질 부위가 현상 후 Cu가 들어나서 불량이 발생한다.

방 지 대 책

D/F 노광 작업 시 유입되는 이물질을 100% 차단하는 것은 어려우므로 매 노광 작업 시마다 cleaning(보드(Board), 필름(film), 마일라(Mylar))을 해 주어야 한다.

불 량 명(노광 불량 4)

(회로폭 감소)

(회로 거칠)

원 인

1. 회로 폭 감소는 노광 시 적정 노광량보다 많은 노광량으로 광 굴절로 회로 폭이 감소되는 불량이 발생한다.
2. 회로 거침 현상은 노광 시 적은 노광량으로 D/F 하단 부위에 광 중합 반응이 미흡하여 D/F이 미세하게 떠 있으므로 발생된다.

방 지 대 책

노광량 측정기를 이용하여 적정 노광량으로 맞추어서 재확인한다.

불 량 명(노광 불량 5)

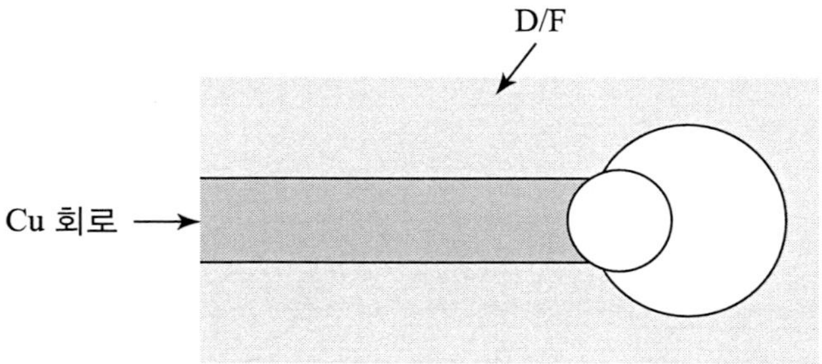

원 인

1. 작업 필름(film)이 오랜 작업으로 수축 또는 팽창하여 홀(hole)과 랜드(land)가 안 맞아 발생한다.
2. 작업 필름(film) 맞춤 작업을 잘못하여 발생한다.

방 지 대 책

1. 작업 필름(film)이 오래되어 첫 panel을 작업하여 편심이 발생되면 새 필름(film)으로 교체한다.
2. 작업자의 숙련도를 높여서 잘못된 작업방법을 교정한다.

불 량 명(노광 불량 6)

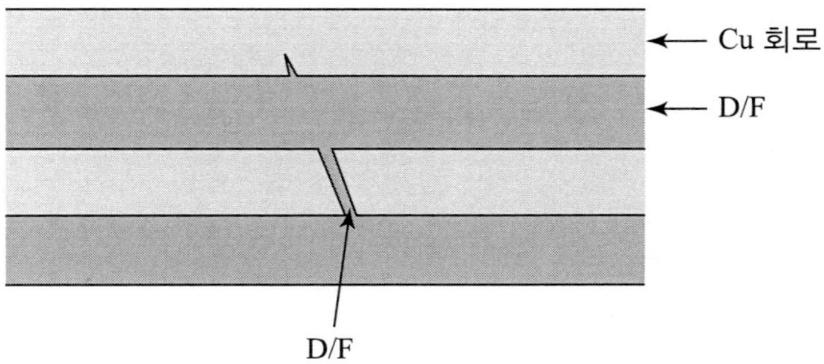

원 인

작업 필름(film)에 스크래치가 나서 필름(film)의 이멀젼면이 긁혀 U.V 빛으로 스며들어 회로에 D/F이 남아 불량을 발생시킨다(고정 단선(open)).

방 지 대 책

작업 필름(film)의 이멀젼에 보호 필름(neo mask film)을 코딩하고, 필름(film)의 노광 작업 시 스크래치 발생을 최소화하는 작업 방법을 찾는다.

불 량 명(현상 불량 1)

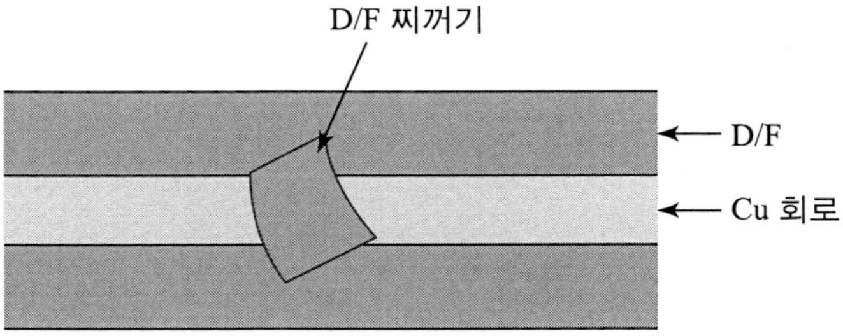

원 인

D/F 현상 시 또는 D/F 현상 후 건조까지의 과정 중에 D/F찌꺼기가 회로에 달라붙어 발생한다.

방 지 대 책

D/F 라미네이션(Lamination)은 자동 라미네이션(Lamination)을 하여야 하면 현상 시 노광 핀(pin)) 부위의 보호 필름(film)을 완벽하게 제거하여 현상하여야 한다.

불 량 명(현상 불량 2)

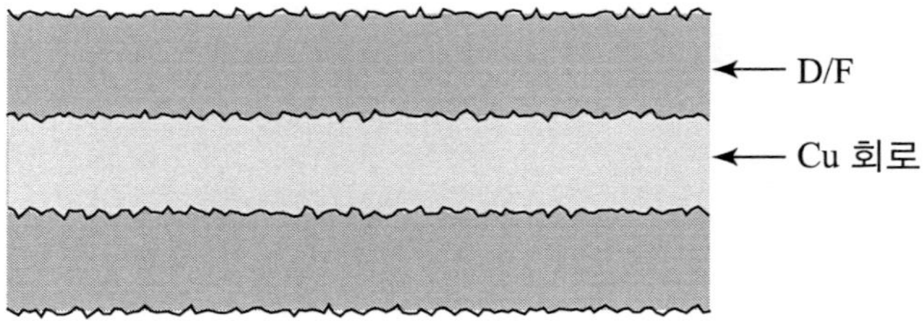

원 인

1. D/F 노광 시 노광량이 부족한 상태로 작업되어 D/F side가 미세하고 뜨고 거친 불량이 발생한다.
2. D/F 현상 시 현상 과다(현상용액 온도, 농도 등이 기준보다 높거나, 현상 시간이 너무 길거나, 현상용액 압력이 너무 높을 때)로 인해 발생한다.

방 지 대 책

1. D/F 노광량을 광량 측정기로 정확하게 맞추어 재확인한다.
2. D/F 현상조건을 정상적으로 맞추어 현상성을 확인한다.

불 량 명(현상 불량 3)

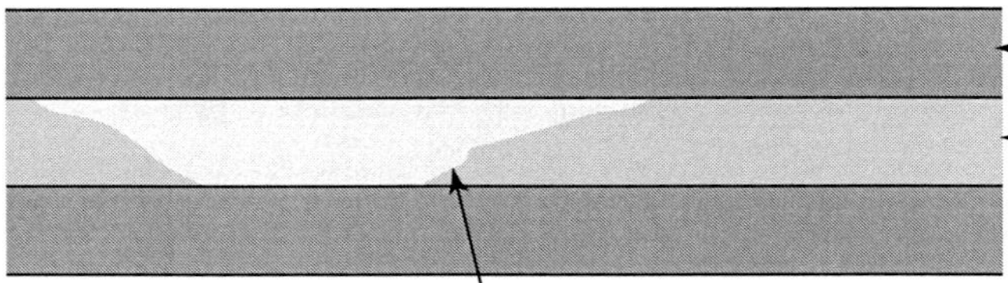

원 인

1. D/F 현상 시 현상조건이 미흡(온도, 농도가 낮거나, 현상시간이 너무 짧거나 현상 압력이 너무 약할 경우)에 D/F이 부분적으로 미 현상되어 발생한다.
2. D/F 현상 노즐이 고정적으로 막혀 고정성 미 현상이 발생할 수 있다.

방 지 대 책

1. D/F 현상조건을 체크, 정상화한 뒤에 재확인한다.
2. D/F 현상 노즐 막힘 여부를 확인하고 필요 시 세척 후 재확인한다.

불 량 명(현상 불량 4)
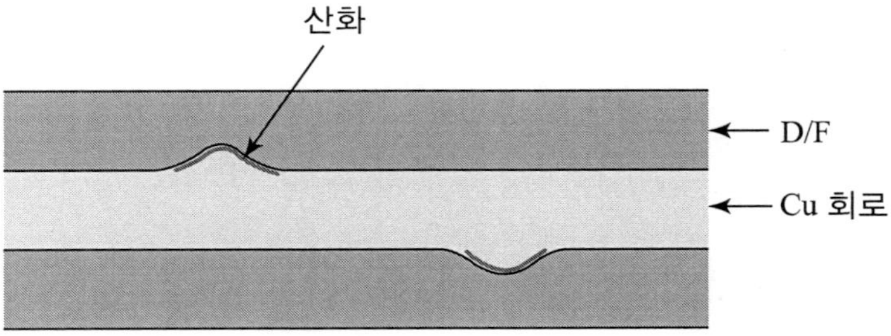
원 인
D/F 전 정면처리가 미흡하였거나 정면처리 후 수세 수질이 나빴거나 미건조로 물방울 형태의 산화가 있을 경우 발생한다.
방 지 대 책
D/F 전 정면처리조건(압력, 속도, 수세 노즐, 건조 등)을 재확인한다.

불 량 명(현상 불량 5)

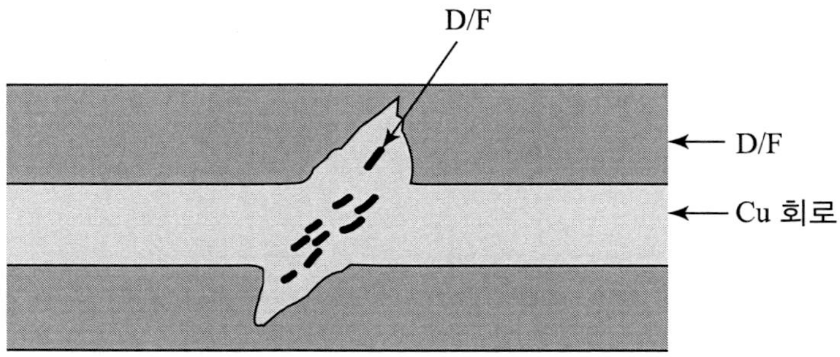

원 인

D/F 현상 후에 취급 시 또는 보드(Board)를 겹치면서 스크래치가 발생해 D/F이 긁히고 찢어지면서 Cu 회로 부위에 D/F 찌꺼기가 잔존하면서 발생한다.

방 지 대 책

D/F 현상 후 보드(Board)를 절대로 겹치면 안 되고 랙킹(racking)을 해야 하며 D/F 현상되어 나온 보드는 조심스럽게 취급해야 한다.

불 량 명(현상 불량 6)

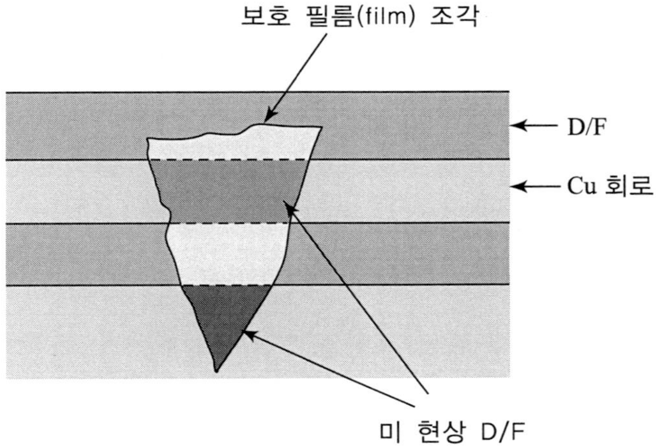

원 인

D/F 현상 시에 벗겨내는 보호 필름(film)을 제대로 제거를 안 한 상태로 찢어져 회로상에 붙어서 Cu 회로 부분에 미 현상된 부분이 발생한다.

방 지 대 책

D/F 현상 시 현상 작업자의 교육이 필요하고 또한 보호 필름(film)을 벗기는 방법을 개선해야 한다.

불 량 명(기타 불량 1)

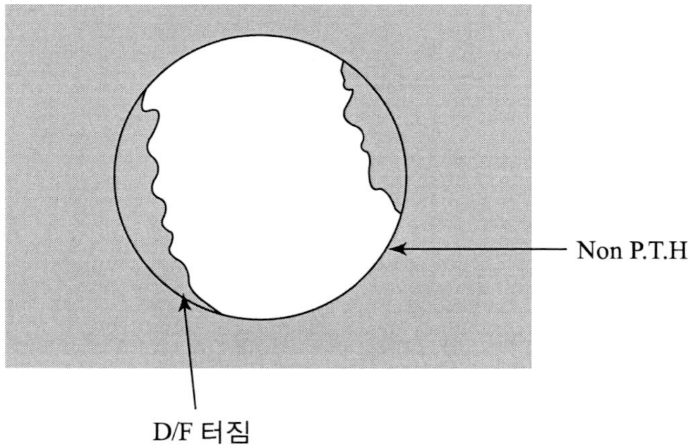

원 인

D/F 라미네이션(Lamination), 노광, 현상 등의 부적절한 처리로 복합적으로 작용하여 D/F이 홀(hole)을 막아야 하는데 터져서 발생한다.

방 지 대 책

D/F 라미네이션(Lamination), 노광, 현상 등의 각 조건들을 전체적으로 점검하여 확인한다.

불 량 명(기타 불량 2)

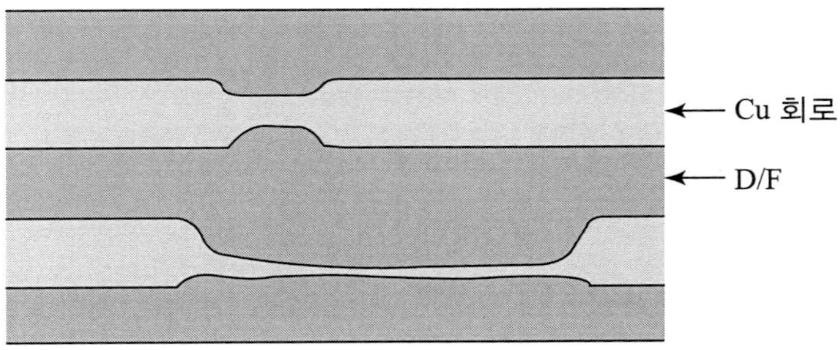

원 인

D/F 라미네이션(Lamination)에서 노광 후 현상 전에 보호 필름(film)이 벗겨져서 대기 중의 산소와 D/F이 중합 반응이 진행되어 회로가 줄어듦이 발생한다.

방 지 대 책

D/F의 보호 필름(film)은 D/F 라미네이션(Lamination)에서 노광 후 현상 전까지 절대 벗겨지거나 찢어져 대기 중의 산소와 접촉을 시키면 안 되므로 작업자의 주의를 요한다.

2.3 내층 불량

PCB의 내층은 다층 PCB를 제조하기 위한 첫 공정으로 내층 표면처리, 회로형성, 부식 등의 공정을 거치면서 제조된다. 내층 불량은 단선(open), 쇼트(short), 기타 불량 등이 있으며 철저한 관리가 필요하다.

불 량 명(D/F 뜸 단선(open))
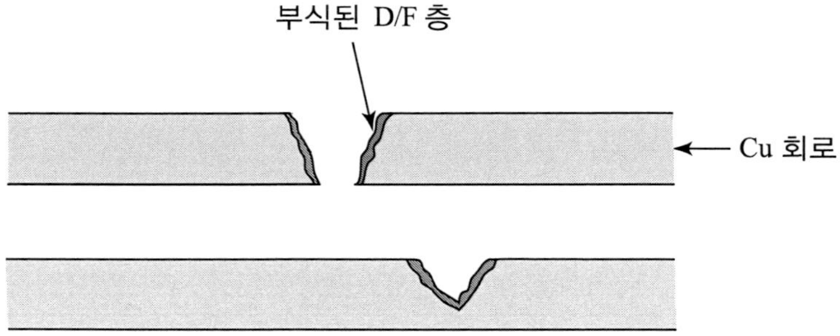
원 인
내층 D/F 전 정면처리 후 산화 또는 오염물 등에 의해 D/F의 밀착 불량으로 D/F 뜬 회로 부위로 부식용액이 스며들어 회로 단선(open)이 발생한다.
방 지 대 책
내층 D/F 전 정면처리의 수세 수질, 스폰지 롤러(roller) 오염 여부 및 건조 롤러(roller) 등을 확인 보완한다.

불 량 명(노광 이물질 단선(open))

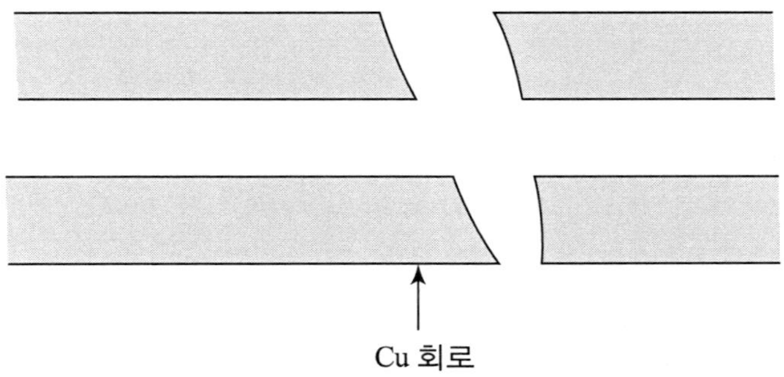

원 인

D/F 노광 작업 시 D/F 찌꺼기 등의 유입으로 마일라(Mylar), 필름(film), 유리(Glass) 등에 붙어 U.V 빛을 차단시켜서 발생한다.

방 지 대 책

근원적으로 D/F 라미네이션(Lamination)을 자동 라미네이션(Lamination)으로 바꾸고, 마일라(Mylar), 필름(film), 유리(Glass)를 매 노광 작업 시 cleaning하여 작업한다.

불 량 명(over etching)

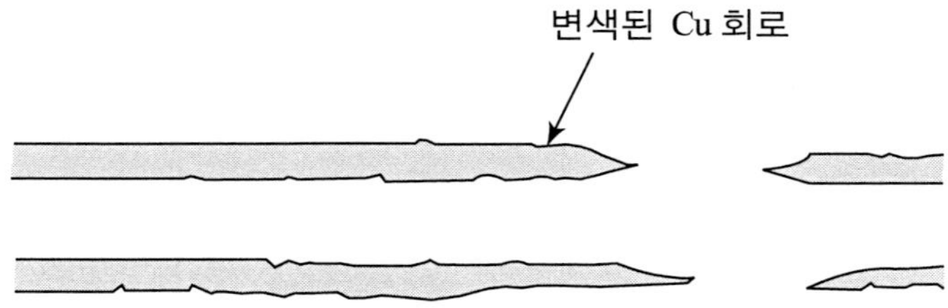

원 인

부식조건의 과잉(고온, 산 농도의 상승, 너무 낮은 PH, 너무 느린 속도 등)으로 over etching되어 발생한다.

방 지 대 책

부식조건의 재설정(온도, 산 농도, PH, 속도, 부식압력 등)이 필요하다.

불 량 명(이물질 쇼트(short))

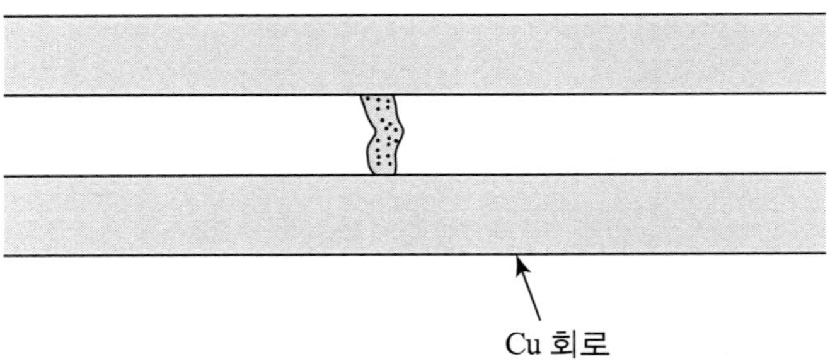

원 인

원판(CCL)상에 에폭시(epoxy) 및 이물질 등이 잔류하여 etching 시 레지스트(resist) 역할을 하여 동이 잔류하여 불량을 발생한다.

방 지 대 책

원판은 반드시 구입하여 들어올 때 샘플링(sampling)하여 수입 검사를 강화하여야 하고 조치를 취해야 한다.

불 량 명(노광 불량 쇼트(short))

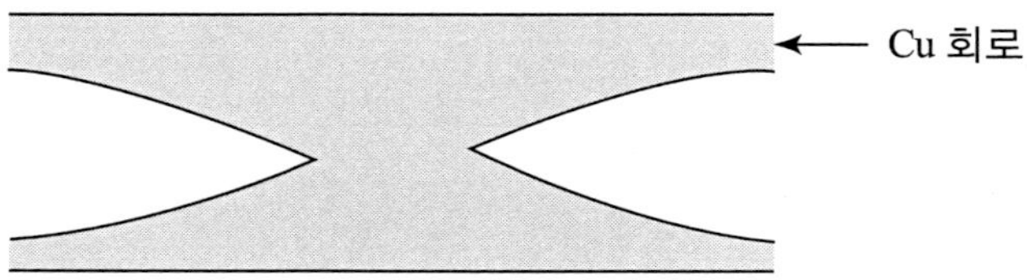

원 인

내층 D/F 노광 작업 시 이물질이 작업 필름(film)과 보드(Board) 사이에 껴서 U.V 빛이 굴절되어 발생하거나 vacuum(진공)이 제대로 안 잡혀 발생할 수 있고 작업 필름(film)이 구겨져 있거나 보드(Board)가 휘어 있을 때 발생한다.

방 지 대 책

D/F 노광 작업 시 이물질 cleaning 관리를 잘해주고, 진공도를 확인하고, 작업 필름(film)의 상태를 잘 확인하고, 보드(Board)상태도 확인 조치한다.

불 량 명(회로 거칠)

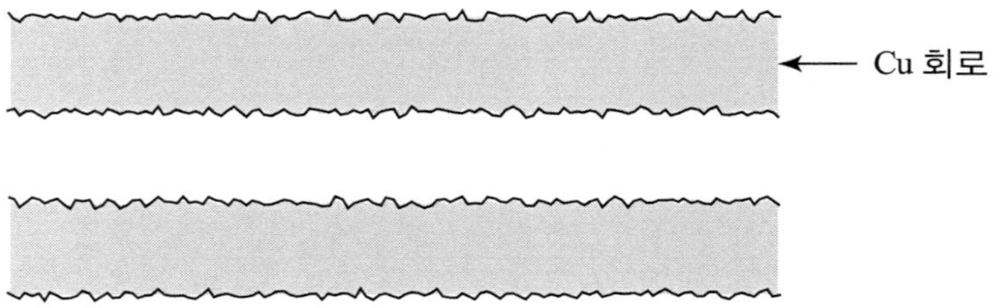

원 인

1. D/F 라미네이션(Lamination) 조건이 미흡하여 D/F side의 밀착력이 약하여 발생한다.
2. D/F 노광 시 노광량이 부족하여 D/F side가 거칠어서 발생한다.
3. D/F 현상 시 과현상에 의해 발생한다.

방 지 대 책

D/F 라미네이션(Lamination) 조건의 강화가 필요하고, 노광 시 노광량을 상·하 재세팅(setting)을 해야 하고 D/F 현상조건을 확인 정상화시킨다.

불 량 명(미부식 쇼트(short))

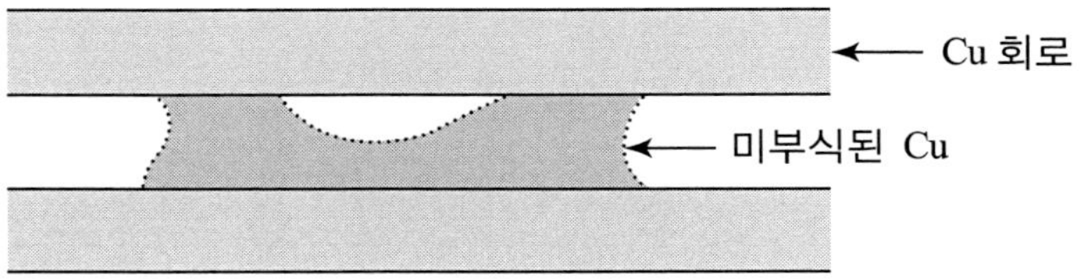

원 인

1. D/F이 현상 조건 미흡으로 미현상되어 부식 작업 시 레지스트(resist)로 작용하여 발생된다.
2. 부식 조건이 미흡하여(온도, 비중, ORP 등) 미부식되어 발생한다.

방 지 대 책

D/F 현상조건(온도, 농도, break point, 압력, 용액 노화 정도 등)을 재확인하고, 부식조건 역시 재확인 체크한다.

불 량 명(회로 뜸)
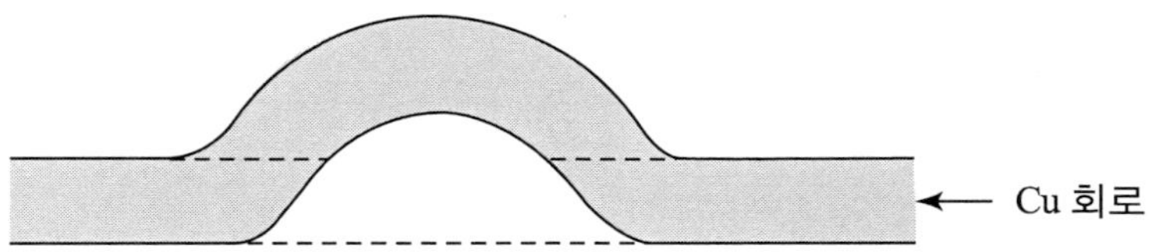
원 인
원판(CCL)의 Cu foil(동박)의 밀착력 불량으로 발생한다.
방 지 대 책
원판(CCL)의 Cu[6] peel strength를 수입 시 샘플링(sampling) 검사하여 근본적으로 차단한다.

6) Cu peel Strength란 CCL상에 Cu foil의 밀착력 정도를 측정하는 것으로 최소 1Kg/cm 이상이어야 한다.

불 량 명(필름(film) 스크래치 쇼트(short))

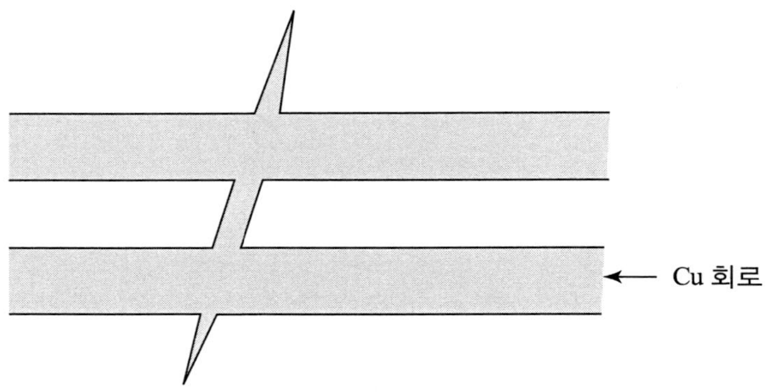

원 인
필름(film)이 제작 중 또는 이송 및 D/F 노광 작업 시 작업자 부주의 등에 의해 스크래치가 발생하여 고정성 쇼트(short)가 발생한다.

방 지 대 책
필름(film)의 제작, 이송, D/F 노광 작업 등 필름(film)의 취급과 보관조건 등을 강화하여 근본적으로 스크래치를 차단한다.

불 량 명(D/F 찌꺼기)

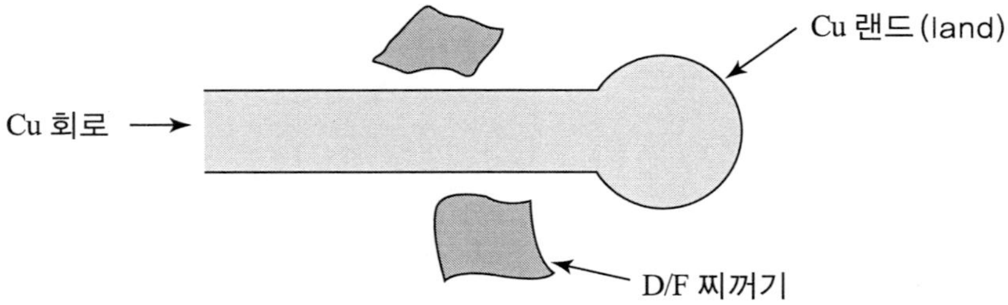

원 인

D/F 박리 후의 롤러(roller), 또는 탈수의 스폰지 롤러(roller) 등에 오염된 D/F 찌꺼기 등이 보드(Board)로 전이돼 달라붙어 발생한다.

방 지 대 책

우선 D/F 박리조건을 확인하여 완전 박리가 되어 수세 존으로 넘어가지 말게 조건을 설정하고, 보드(Board) 외곽 쪽에 미 박리된 D/F이 발생하는지 여부를 확인 체크한다.

불 량 명(층간 불일치)

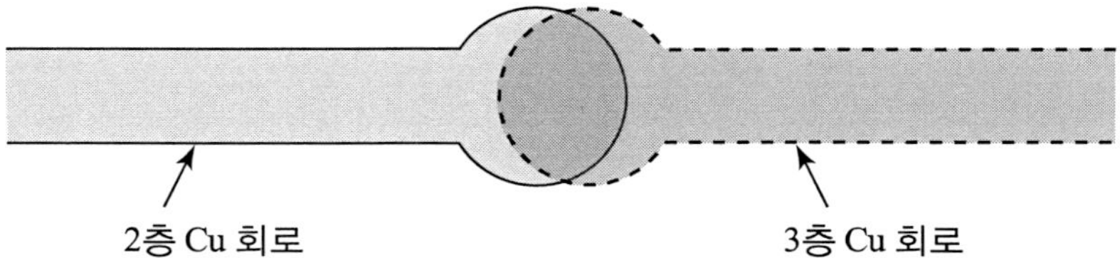

원 인

내층 2층 필름(film)과 내층 3층 필름(film)이 수축·팽창률이 달라 서로 필름(film)끼리 안 맞아서 발생하거나 2층, 3층 필름(film)은 잘 맞는데 필름(film) 맞춤 작업 시(registration 작업) 부정확하게 필름(film) 맞춤 작업이 진행되어 발생한다.

방 지 대 책

내층 2층, 3층 필름(film)이 안 맞을 때는 필름(film)을 다시 제작하여 준비하고, 필름(film) registration 작업을 숙달시켜서 방지할 수 있다.

불 량 명(스크래치 단선(open))

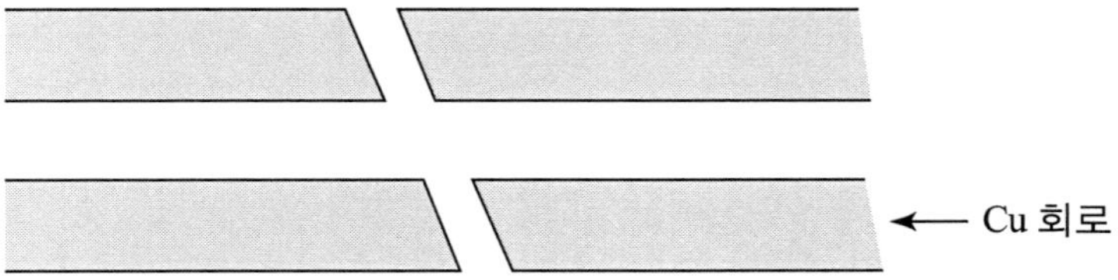

원 인

1. D/F 현상 후 롤러(roller) 등에 의한 고정성 또는 작업자의 취급 부주의 스크래치에 의해 D/F 벗겨져 부식되어 발생한다.
2. 원판(CCL)에 스크래치가 발생된 채로 작업이 진행될 시 발생한다.

방 지 대 책

1. D/F 현상 후 고정성일 경우는 롤러(roller), 기타 건조조 등을 직접 확인해 보고, 취급 부주의 스크래치는 작업자의 작업방법을 확인 체크한다.
2. 원판(CCL) 스크래치는 수입 검사를 강화, 또는 취급 작업자의 작업방법을 확인 체크한다.

불 량 명(잔여동 1)

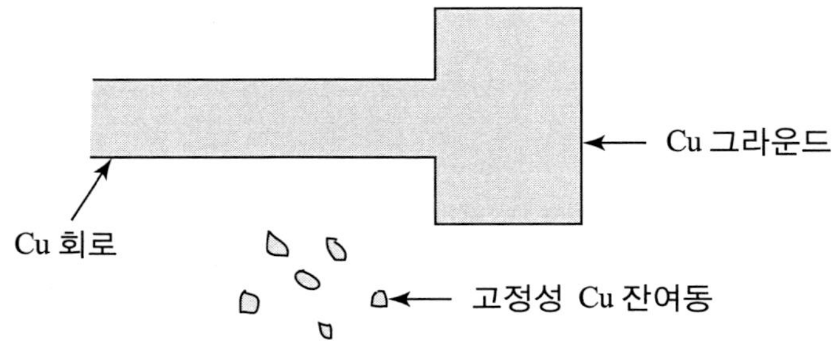

원 인

내층 필름(film)의 고정성 핀 홀(pin-hole)에 의해 발생한다.

방 지 대 책

내층 필름(film)은 수입 검사하여 핀 홀(pin-hole) 유무를 확인하고, laser plotter실의 class 유지 여부 등을 확인 체크한다.

불 량 명(잔여동 2)
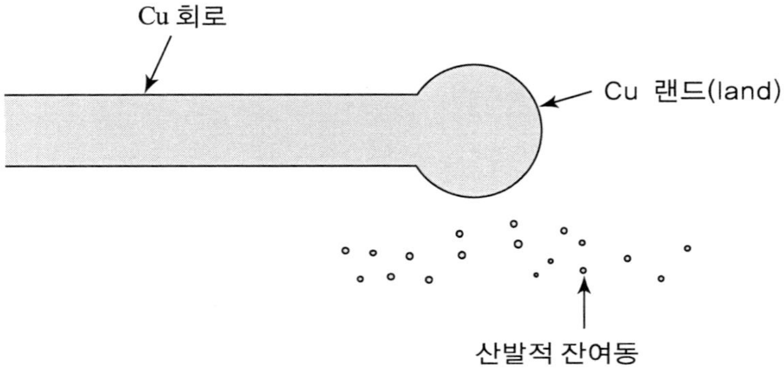
원 인
D/F 현상 시에 현상용액 속의 소포제 성분 등이 수세에서 제거가 안 되어 Cu에 잔존하면서 부식 레지스트(resist)로 작용하여 발생한다.
방 지 대 책
D/F 현상 소포제가 현상용액 속에서 슬러지(sludge) 등이 발생하는지 등을 확인하여 발생이 심할 경우 소포제 교체 및 수세 수의 상태 등도 확인 체크한다.

2.4 다층 불량

다층 PCB를 제조하기 위한 공정은 옥사이드(oxide), 레이-업(Lay-up), 프레스(press) 등을 거친다. 이 공정에서 발생하는 불량들을 소개하고 있으며 다층 제조의 중요 공정으로 공정관리와 품질관리가 병행되어야 양질의 다층 PCB를 얻을 수 있다.

불 량 명(옥사이드(oxide) 표면 스크래치)
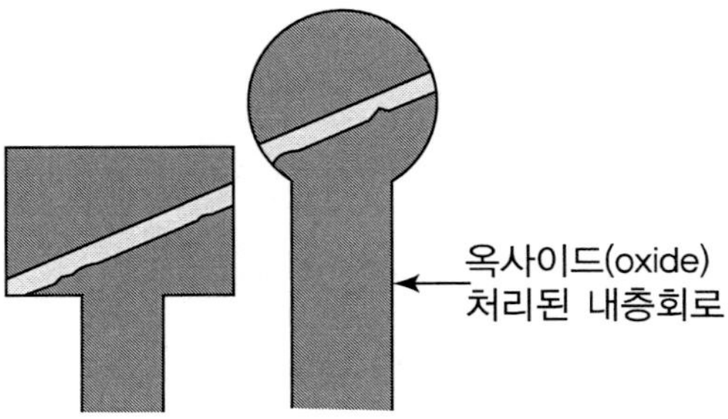
원 인
옥사이드(oxide) 처리 후 기계적이거나 취급 부주의로 인해 스크래치가 발생된다.
방 지 대 책
옥사이드(oxide) 처리 시 랙크 또는 컨베이어 등의 고정성인지 여부를 확인 교정하거나 취급 작업방법을 개선한다.

불 량 명(리벳팅 불량 1)

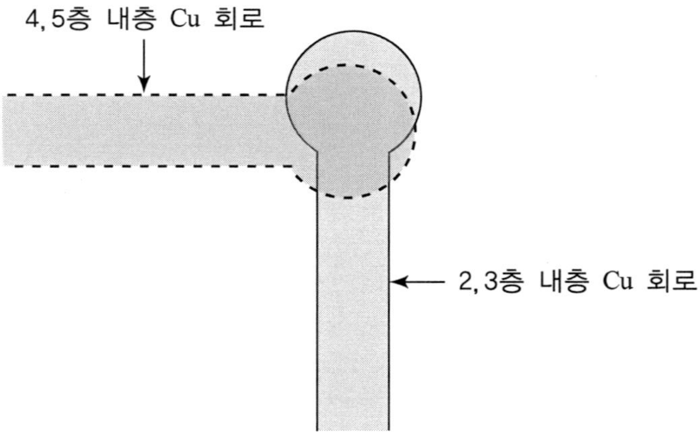

원 인

내층 2,3층과 내층 4,5층 리벳팅 할 때 리벳핀의 밀림 현상 또는 리벳 center의 편심 등에 의해 발생한다.

방 지 대 책

리벳 M/C의 리벳핀의 밀림 현상 등의 확인 및 편심 발생 여부를 확인, 개선한다.

불 량 명(리벳팅 불량 2)
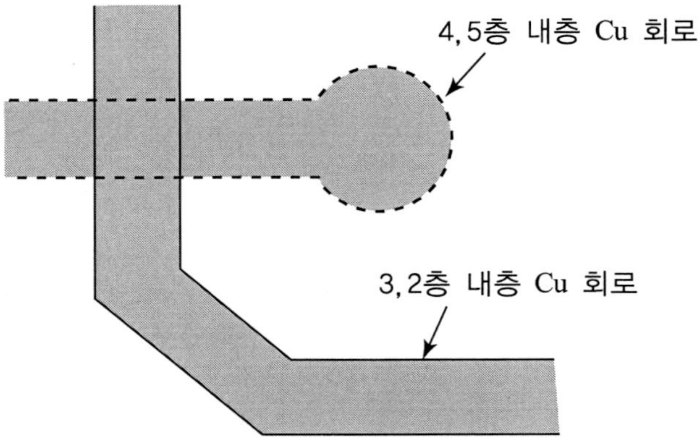
원 인
리벳팅 시 작업자 미스(miss)로 2,3 내층을 뒤집어서 3,2 내층으로 리벳팅하므로써 발생한다.
방 지 대 책
리벳팅 시 작업자 교육을 철저히 시켜 미스(miss) 불량을 근본적으로 방지하여야 한다.

불 량 명(디라미네이션(Delamination))

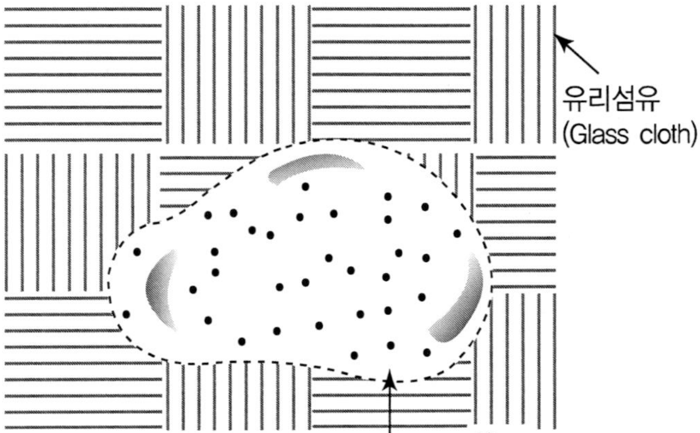

7)

원 인

1. 옥사이드(oxide)층의 습기가 남아 있는 상태에서 적층 작업이 진행되어 층간 접착 불량이 발생한다.
2. 적층 프레스(press) 조건(압력, 온도, 처리시간, 승온율 등)이 미흡하여 발생한다.

방 지 대 책

1. 옥사이드(oxide) 처리 후의 건조조건을 재확인 체크해야 한다.
2. 적층 프레스(press) 조건의 재설정이 필요하다.

7) 디라미네이션(Delamination)이란 적층 불량 중 하나로 적층(bonding)이 안 되어 떠 있다는 것을 의미한다.

불 량 명(핑크 링(pink ring))

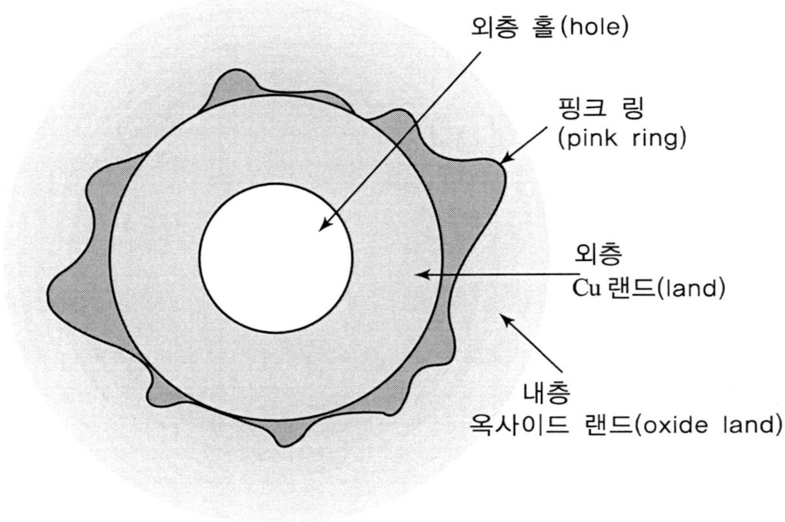

원 인

1. 외층 Through hole 드릴 가공상태가 불량해서 내층 접속 부위가 떠서(void) 산성용액이 침투하여 발생한다.
2. 디스미어조건이 너무 강하여 etch back[8]되어 산성용액이 침투하여 발생한다.

방 지 대 책

1. 드릴조건(rpm, feed, refeed, bit hit 수 관리 등)을 재확인 보완이 필요하다.
2. Desmear 조건의 etch rate를 체크하여 재조정이 필요하다.

8) etch back이란 PCB 홀(hole) 속 벽(절연체)를 etching 시켜서 내층을 노출시켜서 3접점을 형성하는 Desmear의 공법이다.

불 량 명(미즐링(measling))

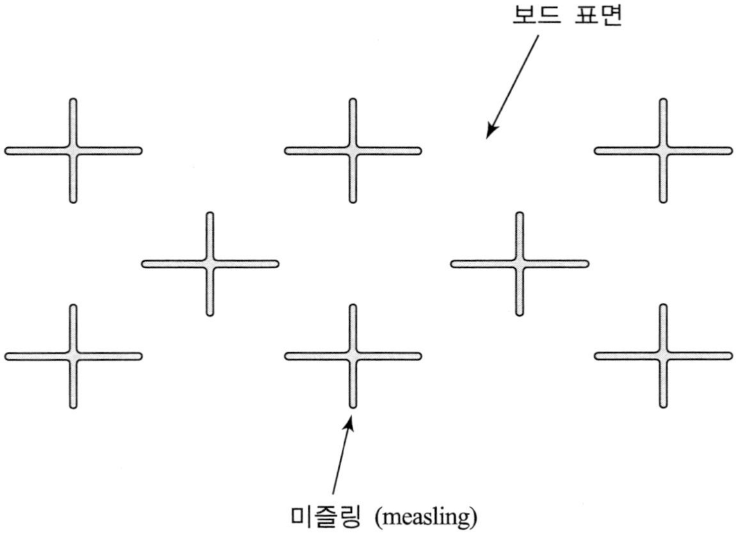

원 인

PCB 보드(Board) 표면에 알카리용액에 심하게 처리가 되면서 유리(Glass) 에 폭시(epoxy)의 attack이 발생되어 에폭시(epoxy) 수지가 빠져나오면서 규칙적으로 + 모양의 반점들이 규칙적으로 발생한다.

방 지 대 책

PCB 처리 공정 중에 알카리용액이 처리되는 공정조건 등을 확인 체크할 필요성이 있다.

불 량 명(섬유노출(weave texture))
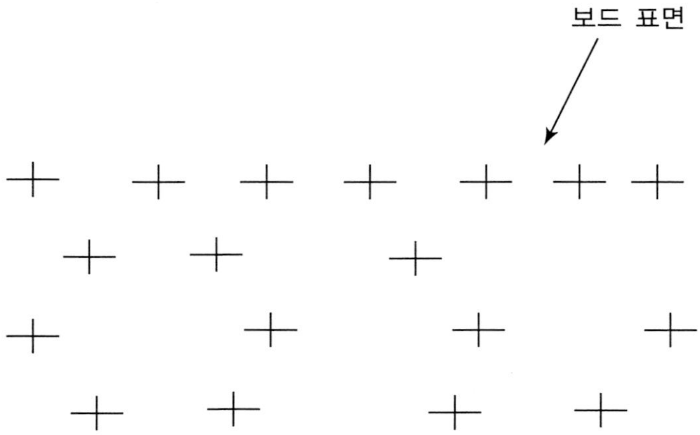
원 인
MLB 제조의 Hot 프레스(press) 작업 시에 조건(압력, 온도, 처리시간 등)이 불균일 할 때 발생한다.
방 지 대 책
MLB 제조 Hot 프레스(press) 조건을 재 체크 교정해준다.

불 량 명(멀티 가이드 홀(hole) 편성)

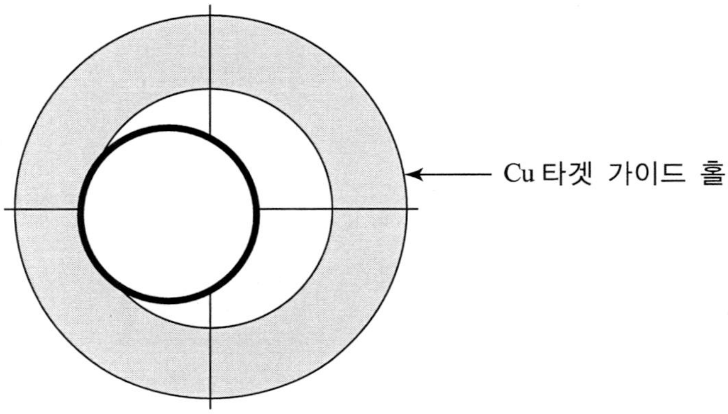

원 인

타겟 가이드 홀(hole) 드릴기 자체의 편심으로 발생하거나 작업자 미스(miss)로 발생한다.

방 지 대 책

타겟 가이드 홀(hole) 드릴기를 매 작업 시 한번 test를 하고 편심 발생 시 calibration(교정)하여 주고, 작업자 작업 교육을 철저히 시킨다.

불 량 명(Dent)
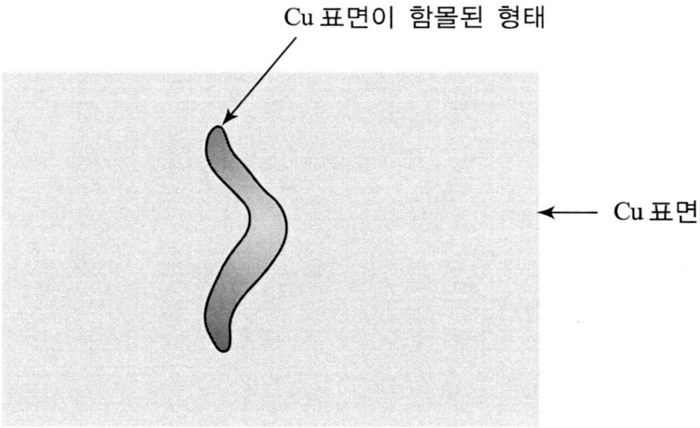
원 인
MLB 제조 시 레이-업(Lay-up) 공정 및 booking 공정에서 작업 중 Cu 표면에 이물질이 유입되어 프레스(press) 진행 시 발생한다.
방 지 대 책
레이-업(Lay-up) 공정 및 booking[9] 공정 시 Cu foil 표면 및 Sus plate 표면에 cleaning 작업을 반드시 거쳐야 한다.

9) Booking이란 다층 제조 공정 중 하나로 레이-업(Lay-up)된(내층, P/P, Cu foil을 순서대로 겹쳐놓은 것) 재료를 여러 개 쌓아놓는 것을 말한다.

불 량 명(에폭시(epoxy))

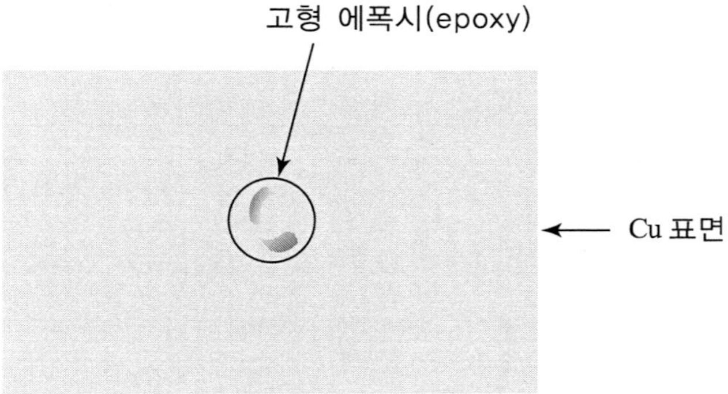

원 인
MLB 프레스(press) 후 외곽 trimming 시에 외곽 에폭시(epoxy) 가루 등이 Cu 표면에 잔존한 상태로 스트레스(stress) 해소 목적으로 baking 할 때 잔존 에폭시(epoxy)가 녹아 굳어져서 발생한다.

방 지 대 책
공정 순서를 MLB 프레스(press) 후 먼저 baking 하고 나서 trimming함으로써 근본적으로 예방할 수 있다.

불 량 명(Cu foil 주름)

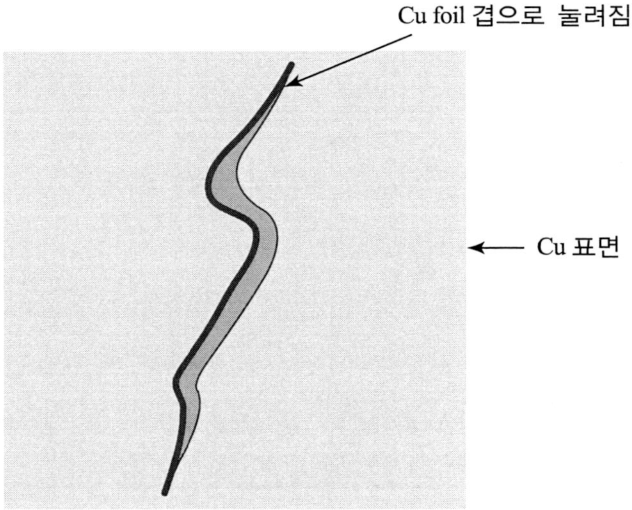

원 인

MLB 제조 시 레이-업(Lay-up) 및 booking 공정 시 Cu foil 이 구겨진 채로 프레스(press) 작업이 이루어지면서 발생한다.

방 지 대 책

레이-업(Lay-up) 및 booking 작업 시 Cu foil 취급에 주의해야 하며 구겨진 Cu foil은 사용을 하지 말아야 한다.

불 량 명(산발적인 잔여동)

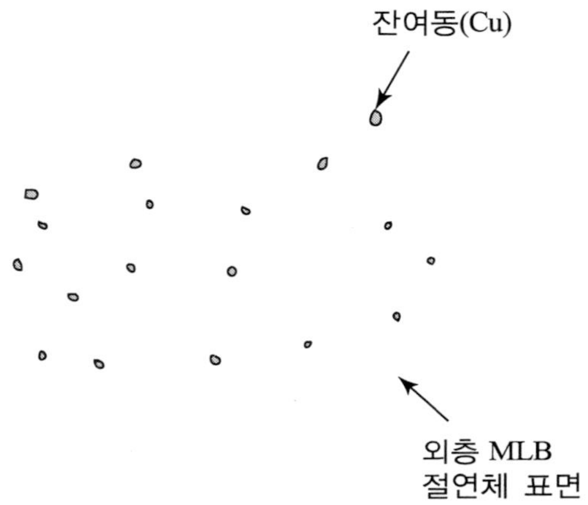

원 인

MLB 프레스(press) 작업 시 사용하는 sus plate 표면이 에폭시(epoxy) resin 으로 오염된 상태로 프레스(press) 작업이 진행되어 에폭시(epoxy)가 고형화된 채로 외층 부식 시 부식 레지스트(resist)로 작용하여 잔여동이 발생한다.

방 지 대 책

MLB 프레스(press) 작업 전 sus plate 표면 정면처리 실시 및 필요 시 수작업에 의한 표면 에폭시(epoxy) 오염물 제거 실시를 하여야 한다.

2.5 도금 불량

PCB를 제조하는데 있어 도금 공정은 대단히 중요하고 또한 불량도 많이 발생한다. 여기서는 PCB 도금 관련 불량을 소개하였으며 그 방지책도 소개하여 품질관리와 공정관리를 잘함으로써 좋은 제품을 얻을 수 있을 것이다.

불 량 명(무전해 동 도금 보이드(void))

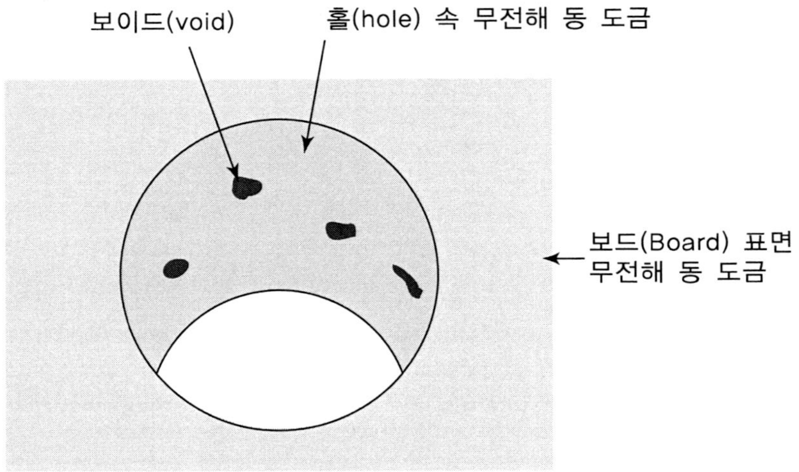

원 인

1. Catalyst(촉매) 처리 용액 농도가 너무 낮거나, 처리 온도가 너무 높을 때 발생한다.
2. Catalyst 처리 후 수세 수가 오염 되었을 때 발생한다.
3. 무전해 동 도금 용액이 비활성화 상태에서 도금이 진행되었거나 안정제 성분이 과할 경우 발생한다.

방 지 대 책

1. Catalyst 용액의 농도를 보충하고, 온도를 낮추어야 한다.
2. Catalyst 처리 후 수세 수를 교체해준다.
3. 무전해 동 도금 용액을 더미 도금을 더 실시하여 활성화해주고 안정제 성분을 분석 조절해 준다.

불 량 명(Small hole 도금 안 됨)

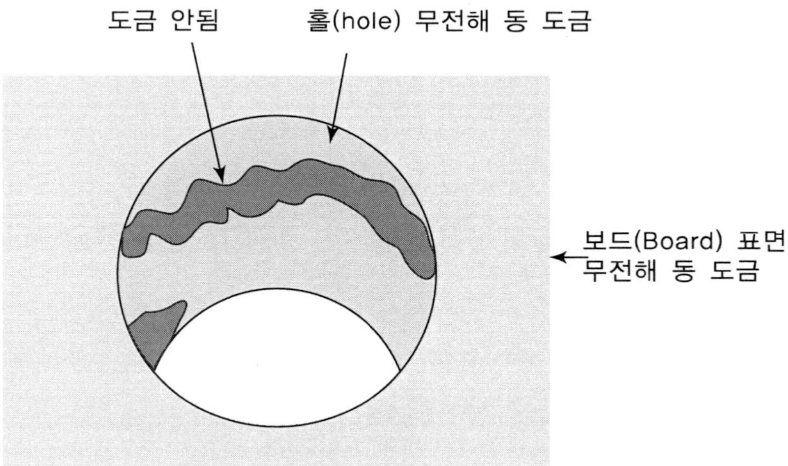

원 인

1. 디스미어 처리 후 부산물들이 중화처리가 제대로 되지 않았을 때 도금이 안 되어 발생한다.
2. 드릴 시에 에폭시(epoxy) resin 잔류물들이 홀(hole) 속을 막고 있을 경우 발생한다.

방 지 대 책

1. 디스미어 처리 후 중화처리 조건을 강화(용액적인 측면, 설비적인 측면)하여 체크 확인한다.
2. 드릴 시 chip 등이 발생되는지 여부를 확인하여 필요 시 조건 변경을 한다.

불 량 명(밀착 불량(Blister))

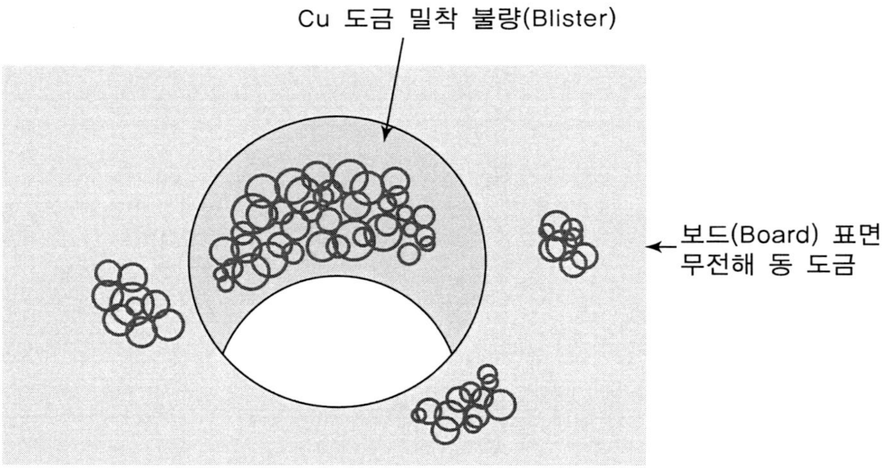

원 인

1. 디스미어 처리가 미흡했을 때 발생한다.
2. 무전해 Catalyst 처리가 너무 과했을 때 발생한다.
3. 무전해 동 도금 용액이 활성화가 덜 된 상태에서 도금이 진행되었을 때 발생한다.

방 지 대 책

1. 디스미어 처리 조건(용액 농도, 온도, 처리시간 등)을 확인한다.
2. 무전해 Catalyst 처리 조건을 재확인한다.
3. 무전해 동 도금 용액의 활성화를 위해 dummy[10) 도금을 더 실시한다.

10) dummy 도금이란 무전해/전해 도금 초기에 용액의 활성화를 위해 사전에 도금을 하는 것을 말한다.

불 량 명(무전해 동 표면 산화)
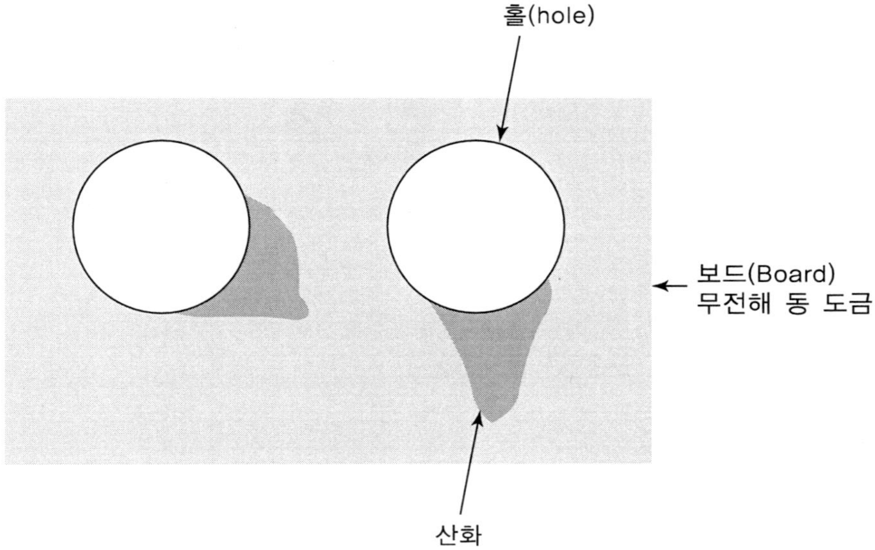
원 인
1. 무전해 동 도금 후 건조조건이 잘 맞지 않아 발생한다. 2. 무전해 동 도금 후 산화방지 처리가 미흡하여 발생한다.
방 지 대 책
1. 무전해 동 도금 후 건조조건을 재확인 보완한다. 2. 무전해 동 도금 후 산화방지처리의 조건(농도, 온도, 처리시간 등)을 재확인한다.

불 량 명(전기 동 도금 광택 저하)

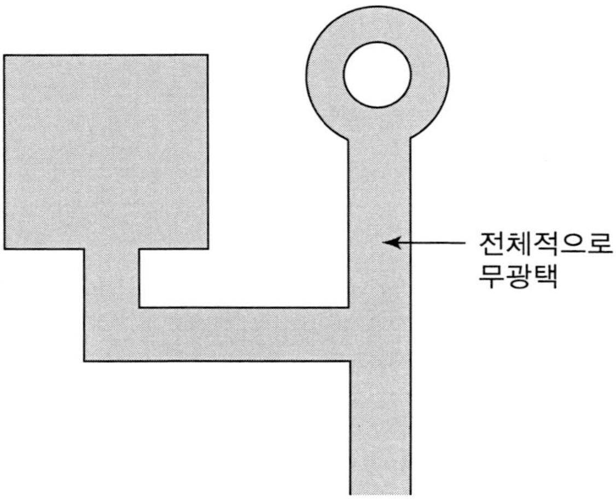

원 인

1. 유산 동 도금의 광택제 농도가 부족할 경우 발생한다.
2. 탈지용액의 탈지력이 너무 약하여 Cu 표면이 활성화가 덜 되어 발생한다.

방 지 대 책

1. 유산 동 도금용액을 분석하여 부족한 광택제를 보충한다.
2. 탈지용액의 조건(농도, 온도, 처리시간 등)을 보강하거나 탈지력이 강한 탈지용액으로 교체한다.

불 량 명(전기 동 도금 입자 석출)

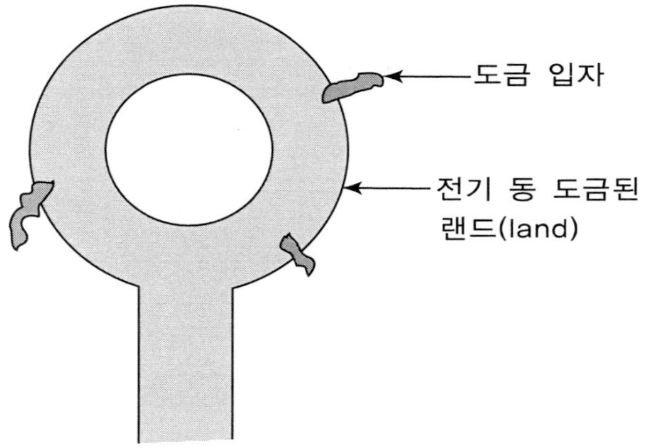

원 인

1. 유산 동 도금 용액이 오염되었거나 양극에 장착된 아노드(Anode) 바스켓에서 철 또는 동가루가 유출되어 회로 및 랜드(land)에 입자형태로 붙어 석출되어 발생한다.
2. 유산 동 도금 또는 전처리용액 속의 미생물의 오염으로 도금되어 석출 발생한다.

방 지 대 책

1. 유산 동 도금 용액의 카본(활성탄)처리를 실시하고 아노드(Anode) 바스켓을 확인 세척한다.
2. 유산동 도금용액과 미생물 오염된 전처리용액을 교체한다.

불 량 명(전기 동 도금 두께 미달)

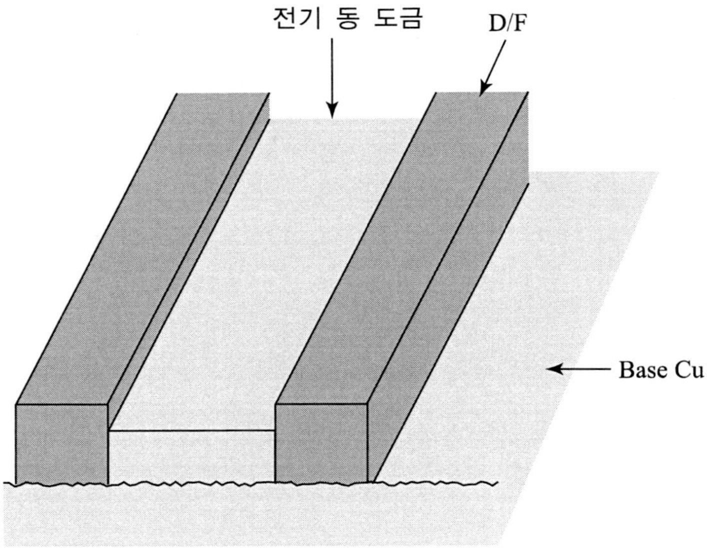

원 인

양극에 있는 Cu 아노드(Anode) ball이 고갈되었거나 유산 동 도금용액이 부족하거나 적용 전류가 부족하였을 때 발생한다.

방 지 대 책

Cu 아노드(Anode) ball을 보충하여 주고 유산 동 도금 용액의 용액 분석 보충 및 용액 수위를 맞춰주고 적용 전류값을 재확인하여야 한다.

불 량 명(솔다 도금 광택)

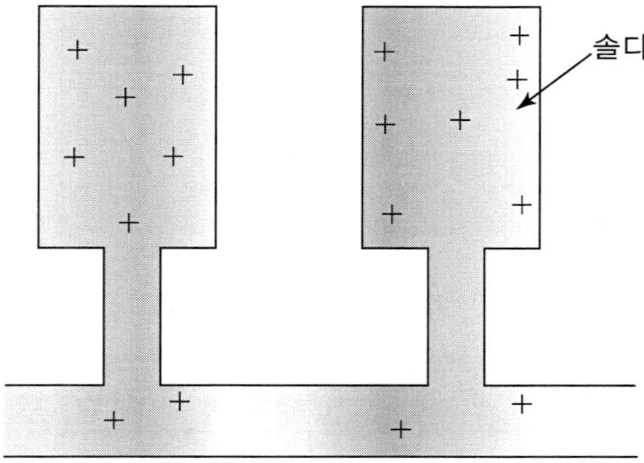

원 인

Sn/pb(솔다) 아노드(Anode)가 고갈되었거나 솔다용액 농도가 부족하였거나 적용 전류가 부족하게 도금되었을 때 발생한다.

방 지 대 책

Sn/pb(솔다) 아노드(Anode)를 새것으로 교체해 주고 솔다용액 분석 보충을 실시하고, 적용 전류의 적절성을 확인한다.

불 량 명(솔다 도금 색깔 어두움)
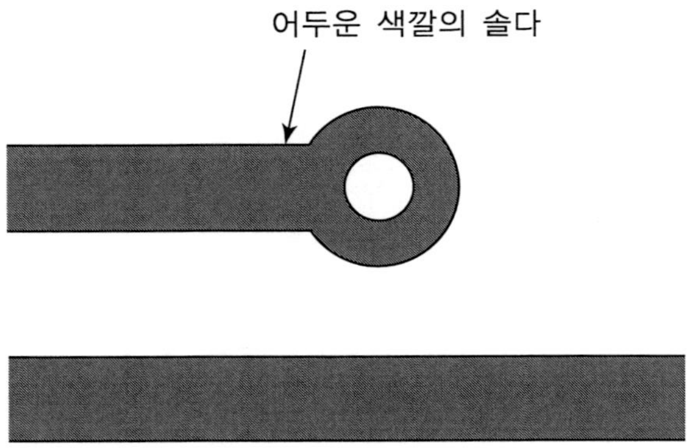
원 인
솔다 도금용액이 오염되었거나 솔다 도금용액의 balance가 깨져 있을 때 발생한다.
방 지 대 책
오염된 솔다 도금용액은 폐기하고 새로 건욕을 하여야 하고, 용액의 balance가 깨져 있다면 분석하여 보충으로 정상으로 회복시켜야 한다.

불 량 명(Under etching)

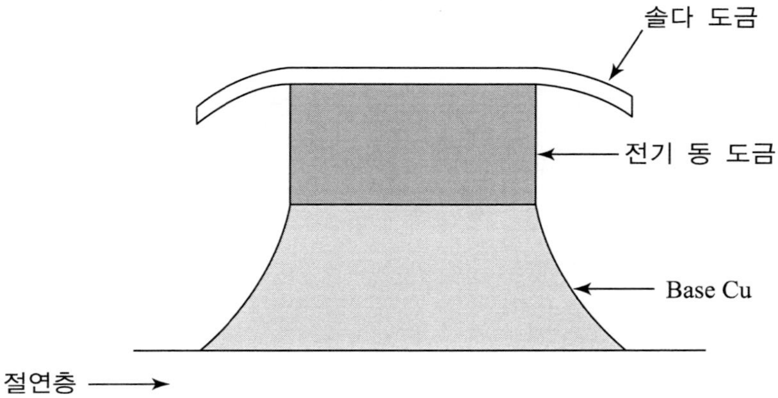

(회로 측면 *x*–section)

원 인

외층 알카리부식용액의 PH가 높을 경우와 비중이 너무 낮은 경우, 부식 스프레이(spray) 압력이 너무 높을 경우에 발생하고, break point가 너무 뒤에 잡혀서 진행될 때 발생한다.

방 지 대 책

알카리부식용액의 공급상태와 배기 정도를 재확인하고 비중을 측정하여 재조정을 하여 주고 부식 스프레이(spray) 압력을 낮추어 break point를 재설정한다.

불 량 명(over etching)

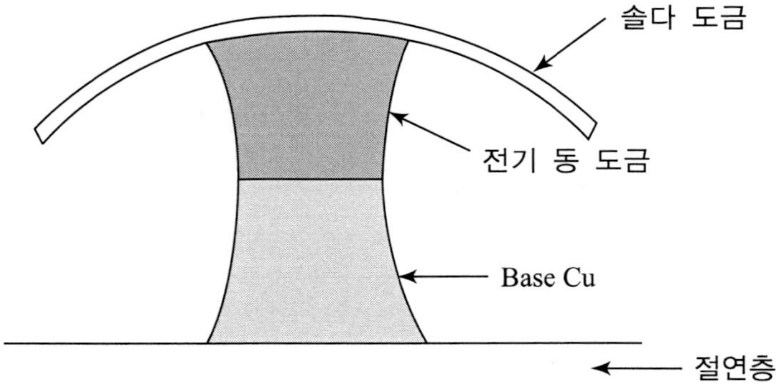

원 인

외층 알카리부식용액의 온도가 너무 높을 경우와 비중이 높을 경우, 부식 스프레이(spray) 압력이 높고 PH가 낮을 경우와 break point가 너무 앞쪽으로 잡혀서 진행될 때 발생한다.

방 지 대 책

알카리부식용액의 온도를 낮추거나 냉각시스템을 확인하고, 비중을 낮추어서 정상범위로 맞추고 부식 스프레이(spray) 압력을 낮추고, 용액공급 상태와 배기 정도를 확인, break point의 재설정 등이 필요하다.

불 량 명(부분적이 미부식)

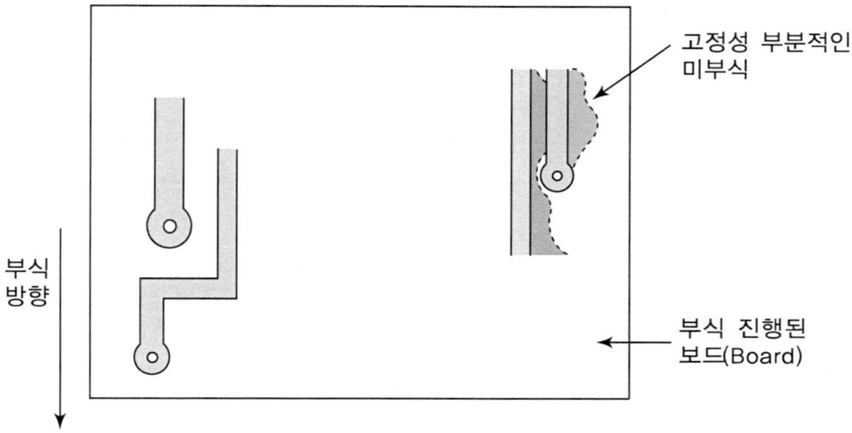

원 인

부식기의 특정 부위의 스프레이(spray) 노즐이 막혀 있다든가 디스크 롤러(roller)의 부적절한 쏠림현상으로 부식용액의 보드(Board)로의 미처리로 인해 발생한다.

방 지 대 책

부식기의 특정 부위의 스프레이(spray) 노즐을 확인하고 막혀 있으면 제거시켜 주어야 하며 디스크 롤러(roller)의 배열 배치상태를 확인 쏠림현상이 있을 경우 교정해 주어야 한다.

불 량 명(D//F 박리 불량 1)

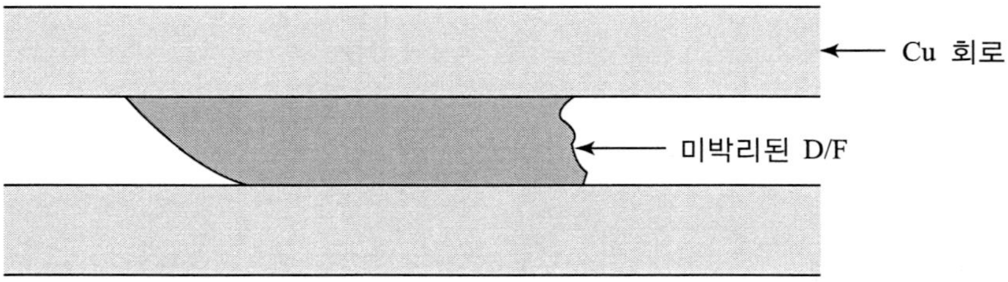

원 인

D/F 박리용액의 조건(농도, 온도, 스프레이(spray) 압력 등)이 부적합하거나, break point를 너무 뒤로 잡아(D/F 박리 속도가 너무 빠름) 미 박리 불량이 발생한다.

방 지 대 책

D/F 박리조건(농도, 온도, 스프레이(spray) 압력, Break point 등)을 재설정 정립시켜 주어야 한다.

불 량 명(D//F 박리 불량 2)

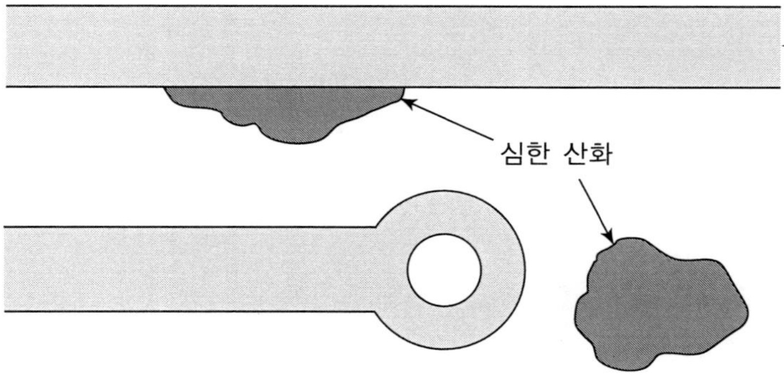

원 인

D/F 박리 후의 수세 불량(수세 수의 오염, 수세 수 공급 부족, 노즐 막힘 등), D/F 박리용액의 농도가 과 농도이거나 D/F 박리조건(온도, break point, 용액의 노화 정도 등)이 과할 경우 발생한다.

방 지 대 책

D/F 박리 후 수세 존을 점검하고, D/F 박리용액의 농도 체크 및 박리조건을 재확인한다.

불 량 명(D/F 박리 불량 3)

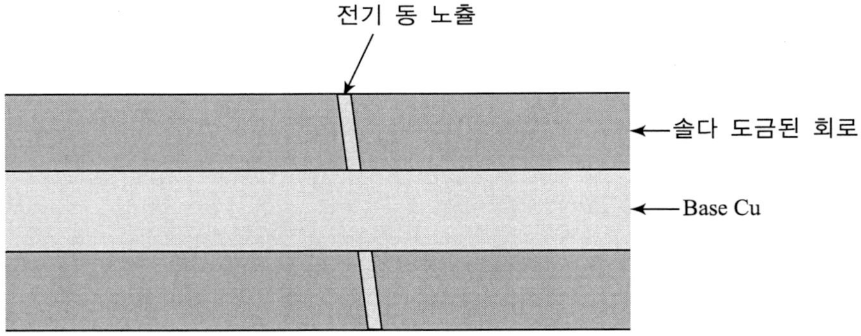

원 인

패턴 도금 공법으로 회로 형성 중에 D/F 박리 후에 어떤 원인으로 스크래치가 발생되어 회로 부분의 솔다층이 벗겨져 전기 동 층이 노출되어 후에(알카리부식) 회로의 단선(open)을 발생시키게 된다.

방 지 대 책

D/F 박리 존, 수세 존, 탈수조 등의 컨베이어 롤러(roller)의 구동상태, 보드(Board) 겹침 현상 등을 집중적으로 체크 확인한다.

불 량 명(D/F 박리 불량 4)

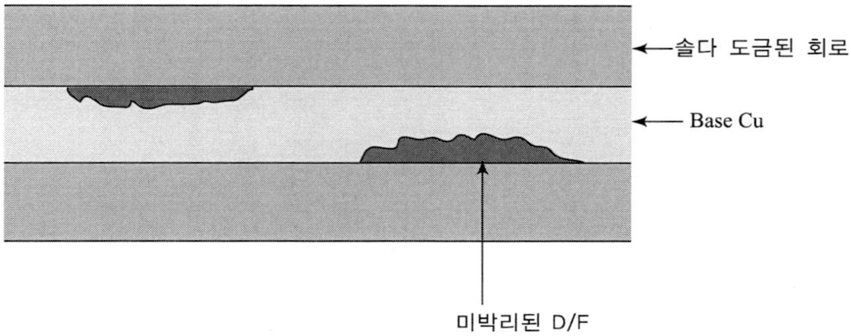

원 인

패턴 도금(전기 동 도금 및 솔다 도금)이 너무 과다하게 되어 회로와 회로 사이의 D/F이 회로들에 의해 씹혀서 D/F 미 박리가 발생한다.

방 지 대 책

우선 패턴 도금의 전류 적용의 계산을 다시 한 번 확인하고 조정이 필요하고, 실제 도금 두께를 확인해 보아야 하며 필요에 따라서 정제된 D/F 박리용액의 도입도 고려해 보아야 한다.

불 량 명(솔다 박리 불량 1)

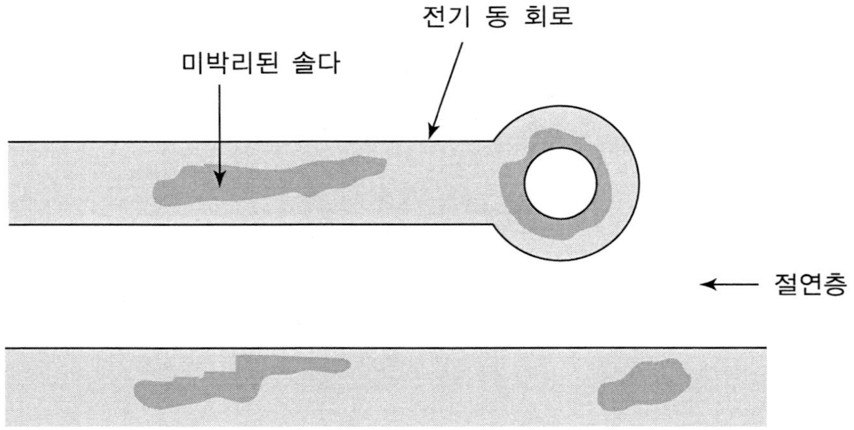

원 인

솔다 박리용액이 노화되었거나 처리시간이 부족하여 회로 및 홀(hole) 속에서 솔다 미 박리가 발생한다.

방 지 대 책

솔다 박리용액이 노화되었으면 새로 갈아주어야 하고, 처리시간은 break point를 재설정해 주어야 한다.

불 량 명(솔다 박리 불량 2)

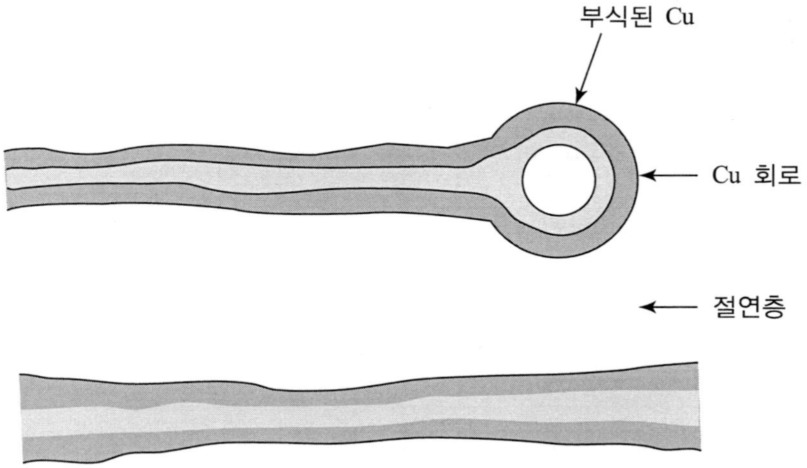

원 인

솔다 박리 존에서 어떤 원인(컨베이어 롤러(roller) 구동문제, 롤러(roller)의 잘못된 배치 등)에 의해 장시간 솔다 박리용액에 접촉되면서 Cu 회로부분이 부식이 되어 회로 폭 감소 등이 발생한다.

방 지 대 책

솔다 박리 존의 롤러(roller)상태, 배치, 구동 등을 정밀 체크하여 문제 해결을 해야 한다.

불 량 명(솔다 박리 불량 3)

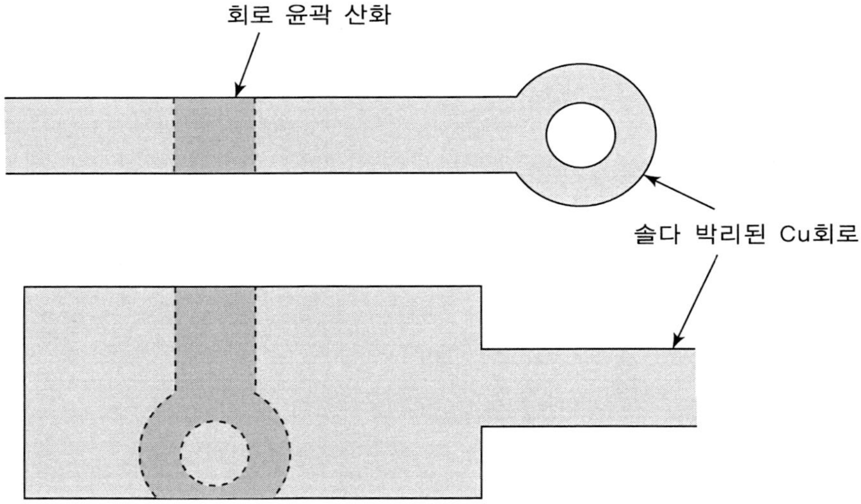

원 인

솔다 박리 후에 건조가 완전히 안 된 상태로 보드(Board)들이 장시간 적재되어 보드(Board)회로에 다른 보드(Board) 회로의 산화된 윤곽이 새겨져 발생한다.

방 지 대 책

솔다 박리 후에는 반드시 랙크 적재를 실시해야 하며, 부득하게 적재 다이(die)를 사용해야 할 경우 신속히 다음 공정처리를 하여야 한다.

2.6 제판 불량

PCB를 제조함에 있어 인쇄 공정은 중요하면서도 전문적인 기능을 요한다. 여기서는 PCB의 대표적인 인쇄 방법인 스크린 인쇄를 위한 인쇄 틀(프레임)을 제작하는 제판 공정의 불량을 다룬다.
인쇄 프레임을 잘 만듦으로써 인쇄 불량을 상당량 줄일 수 있으므로 철저한 공정관리가 필요하다.

불 량 명(핀 홀(pin-hole))

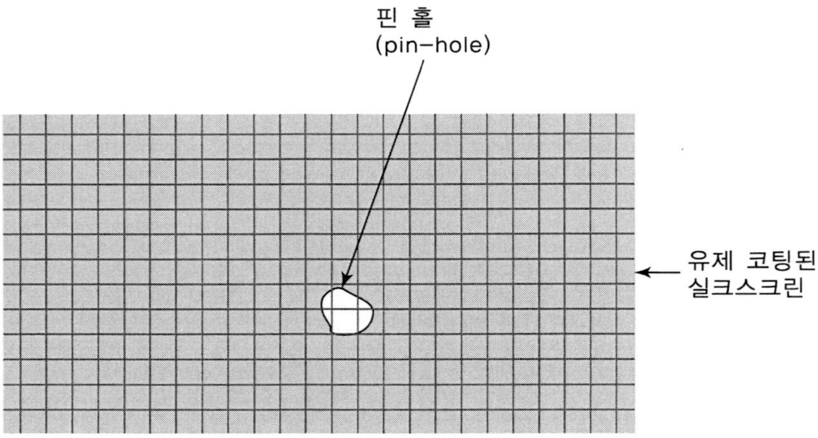

원 인

1. 실크스크린에 이물질이 붙은 상태로 유제 코팅이 되었거나 스크린 위에 오염물 등에 있는 상태로 유제 코팅이 되었을 때 발생한다.
2. 제판 필름(film) 상에 이물질 또는 밀착 노광기의 유리(Glass)면의 이물질에 의해 U.V 빛이 차단되어 발생한다.

방 지 대 책

1. 유제 코팅 전에 실크 스크린을 검사하고 보드(Board) cleaner로 cleaning시켜서 작업한다.
2. 제판 필름(film), 노광기 유리(Glass)면을 보드(Board) cleaner로 cleaning시켜서 노광 작업한다.

불 량 명(마킹 패턴 거침)

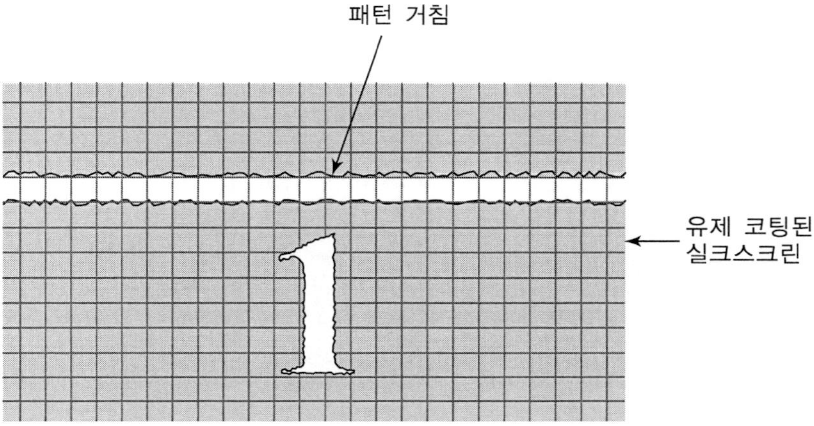

원 인

1. 유제 도막 두께가 너무 얇거나 노광량이 부족하였을 때 발생한다.
2. 스크린 메쉬(mesh)[11]가 너무 굵은 것(100 메쉬(mesh) 이하)으로 작업 시 발생한다.
3. 유제 코팅 후 건조가 부족하였을 때 발생한다.

방 지 대 책

1. 유제 도막 두께를 측정하고, 노광량도 측정하여 적정치를 맞춘다.
2. 스크린 메쉬(mesh)를 마킹인쇄용인 300 메쉬(mesh) 이상으로 교체한다.
3. 건조조건(온도, 시간 등)을 재 보정한다.

11) 메쉬(mesh)란 실크스크린의 망사가 1inch(2.54cm)에 몇 개가 있는 개수(No)로 count한다.

불 량 명(패턴 폭 감소)

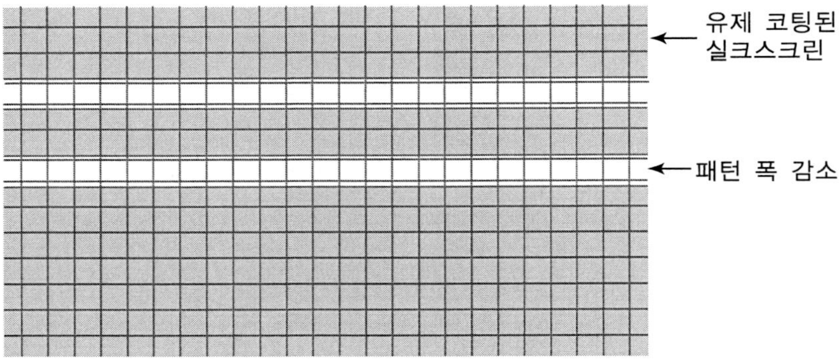

원 인

제판 노광 시 노광량이 과다하여 U.V 빛이 미 노광 부위까지 확산되어 패턴 폭의 감소가 발생한다.

방 지 대 책

노광량을 광량 측정기를 이용하여 재설정을 하여야 한다.

불 량 명(미 현상)

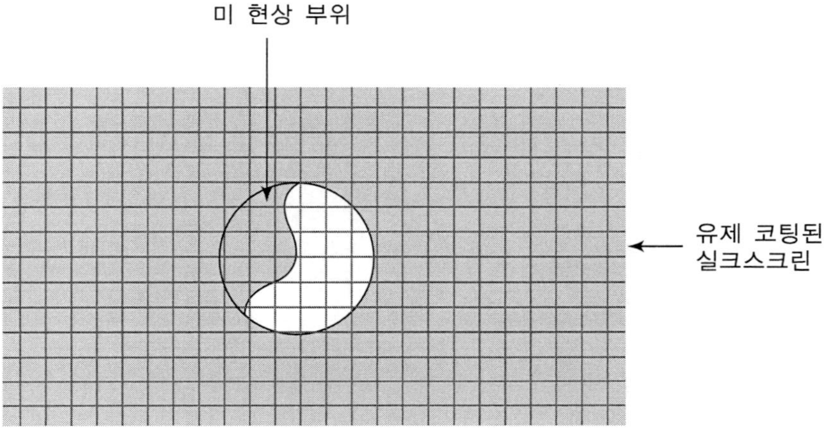

원 인

유제 노광량이 너무 과했거나 유제 코팅 후 건조가 너무 과했을 때 발생한다.

방 지 대 책

노광량을 광량 측정기를 이용하여 재세팅(setting)하고, 건조조건(온도, 시간 등)을 재확인하여 조정한다.

불 량 명(유제 오염)

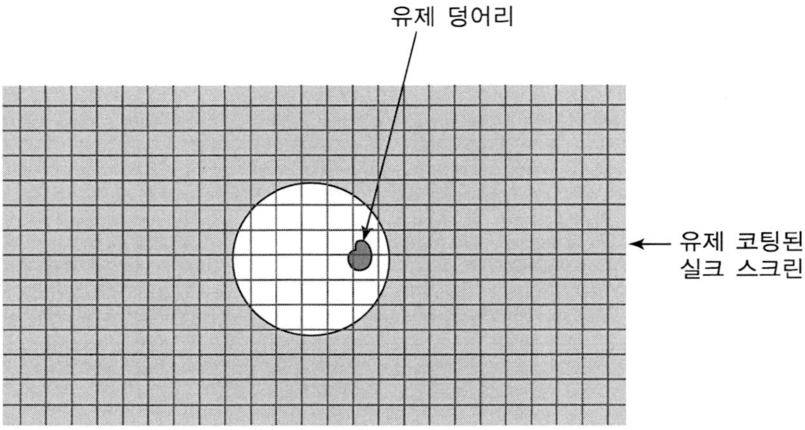

원 인

유제 속에 시일이 오래되었거나 사용 중 이물질 등이 유입되어 유제 고형 덩어리가 함께 코팅되어 현상에서 제거가 안 되어 남아서 발생한다.

방 지 대 책

유제는 사용기간을 엄수하고 또한 사용 환경이 clean room이 되어야 하며 사용 후 즉시 밀폐 보관하여야 한다.

불 량 명(탈막 불량)
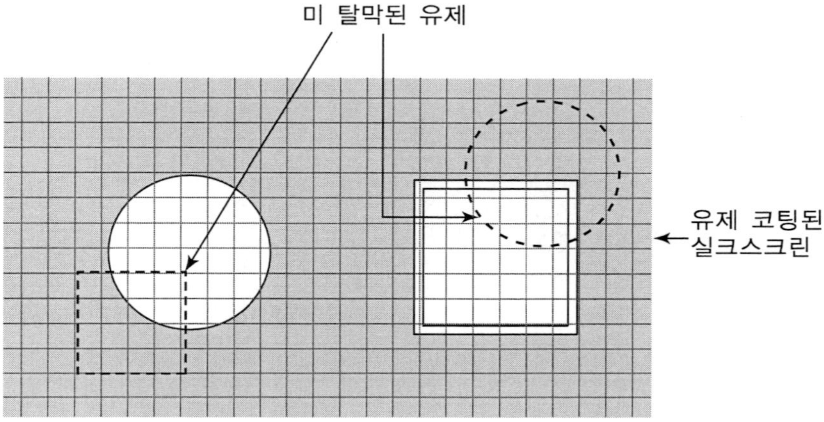
원 인
탈막조건(탈막액 농도, 탈막시간, 탈막제의 노화 정도 등)이 미흡하여 발생한다.
방 지 대 책
탈막조건(탈막액 농도, 시간, 노화 정도 등)을 재확인 조정한다.

불 량 명(스크린 파손)

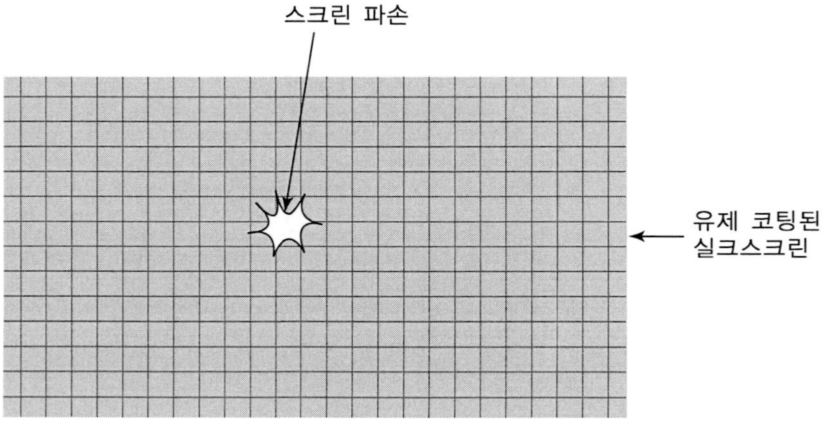

원 인

스크린이 오래되어 텐션(tension)이 최저상태에서 스크래치가 발생되었거나 마모된 스퀴지의 날 부위에 의해 파손이 발생한다.

방 지 대 책

스크린을 인쇄 전 텐션(tension)을 체크하여 텐션(tension)이 인쇄하기에 부적절할 경우는 폐기하고, 인쇄 전 스퀴지 날 상태도 확인 점검하여 사전에 예방한다.

2.7 가공 불량

PCB를 제조하기 위해서는 다양한 가공 공정을 거치는데 가공 공정에서 역시 많은 불량요소를 포함하고 있다. 여기서는 PCB 가공 공정의 불량을 소개하고 관리하는 방지책을 제시하고 있다.

불 량 명(샤링 불량)

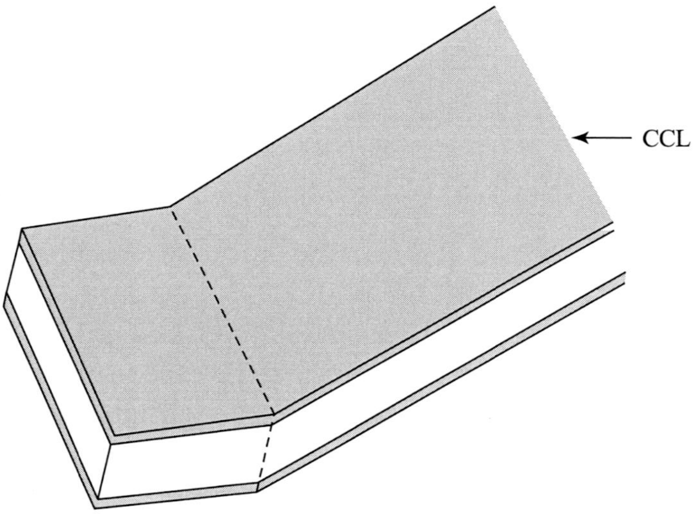

원 인

샤링(재단)날이 마모되어 보드(Board) 재단이 제대로 이루어지지 않았거나 샤링날에 맞지 않는 두께의 보드(Board)를 재단 시에 발생한다.

방 지 대 책

마모된 재단날은 resharp(재연마)하거나 교체해 주어야 하고, 재단 시 반드시 보드(Board) 두께를 확인하여 작업한다.

불 량 명(면취 불량)

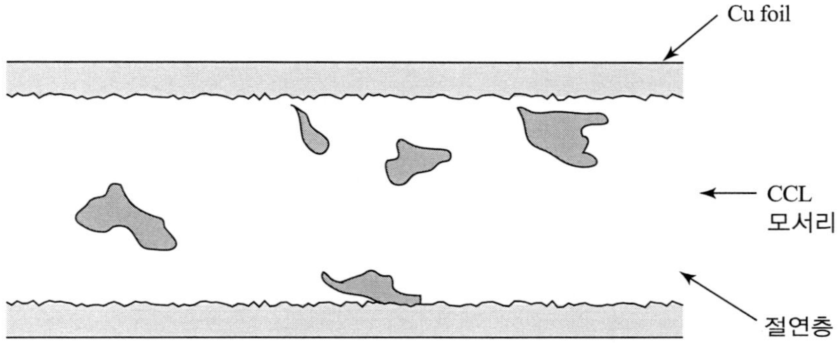

원 인

면취날이 마모되어 노화된 상태에서 면취 가공되었거나 면취 세팅(setting) 이 부정확하게 처리되었을 때 발생한다.

방 지 대 책

면취날을 확인해 보고 마모되었을 때 resharp 또는 교체하거나 면취 세팅(setting)(폭, 양 날의 높낮이 등)을 재확인 조정한다.

불 량 명(라우팅 불량 1)

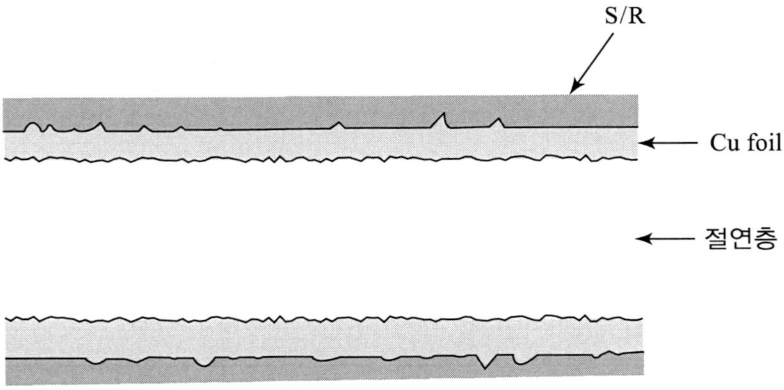

원 인

마모 노화된 router bit를 사용하여 가공하였거나 router 작업조건의 부적합에 의해 발생한다.

방 지 대 책

마모 노화된 router bit를 new bit로 교체하고 router 작업조건(rpm, feed, 집진 등)을 점검한다.

불 량 명(라우팅 불량 2)

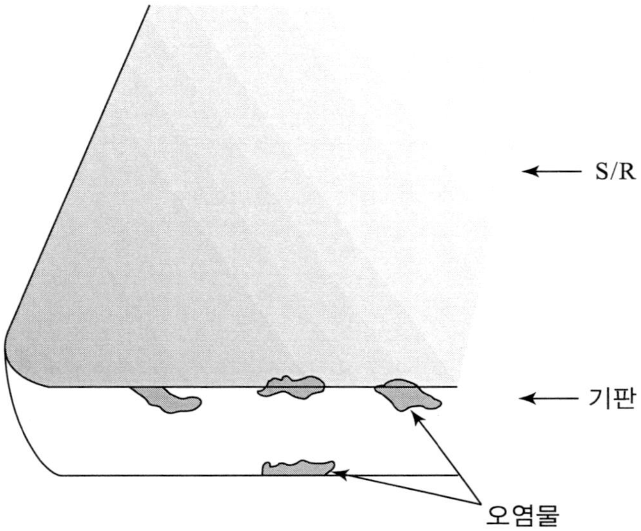

원 인

라우팅 가공 시 보드(Board)를 고정해 주는 tape에 의한 tape 찐 등의 오염물로 발생한다.

방 지 대 책

라우팅 가공 시 사용하는 tape의 고정 작업을 표준화(tape 종류, 외곽에 붙이는 폭 등)하여 근본적으로 router bit가 tape를 접촉 못 하게 하여야 한다.

불 량 명(라우팅 불량 3)
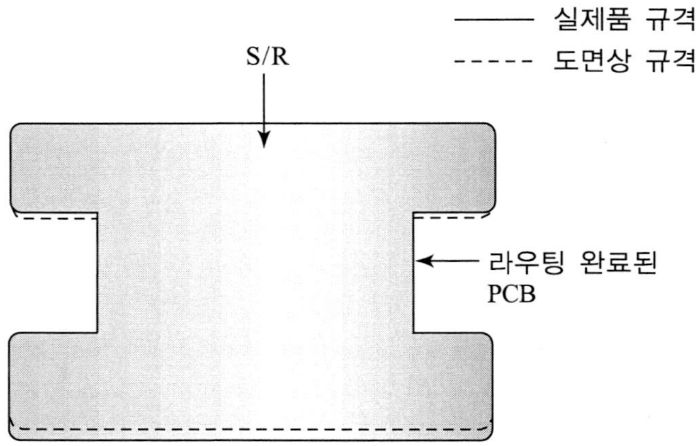 (가공 치수 미스(miss))
원 인
작업자의 작업 미스(miss)로 x,y좌표를 잘못 입력하여 가공되어 발생한다.
방 지 대 책
작업자의 작업 미스(miss)를 최소화하기 위한 전문적인 교육이 꾸준히 실시되어야 한다.

불 량 명(V- cut 불량 1)

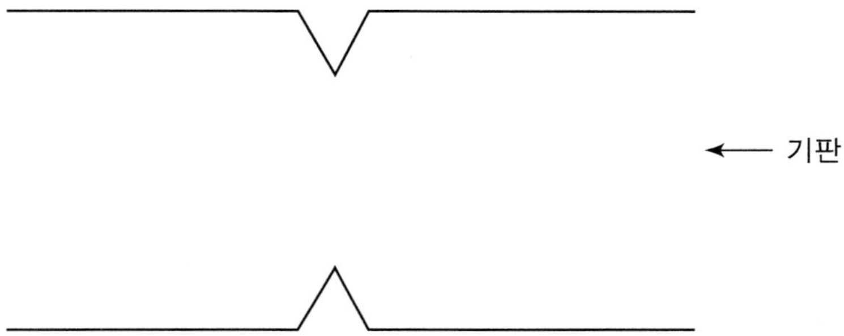

(V-cut 홈 협소)

원 인
V-cut의 cut날 접촉 깊이가 너무 적었거나(압력이 너무 낮음) V-cut날이 마모되어 발생한다.

방 지 대 책
V-cut 날의 높낮이(압력을 높임)를 재조절하여 깊이 가공되게 하여 확인하거나 V-cut날이 너무 마모되었을 때는 날을 교체한다.

불 량 명(V– cut 불량 2)

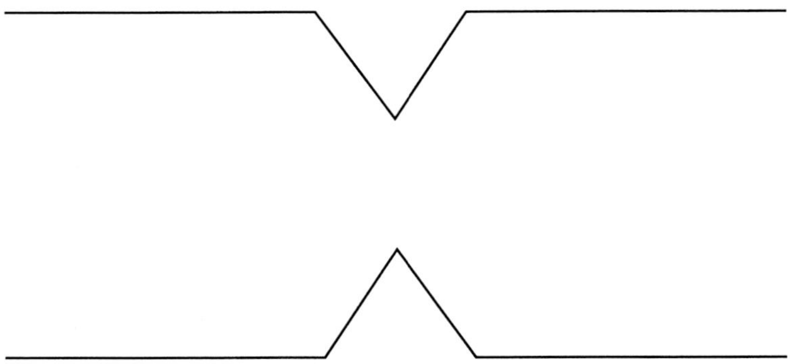

(V–cut 홈 확장)

원 인

V-cut날이 vibration 되는 상태이거나 V-cut날이 부적합하게 적용되어 있어서 발생한다.

방 지 대 책

V-cut날의 vibration 상태 유무를 확인 조치하고, V-cut 날의 각도, 형태 등을 재확인한다.

불 량 명(V- cut 불량 3)

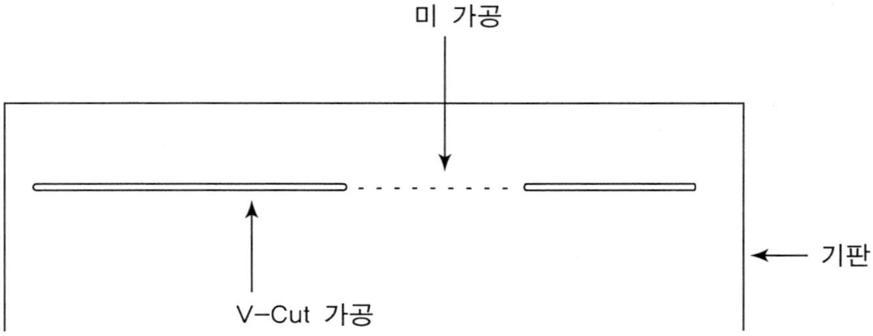

(Jump V-cut)

원 인

기판이 V-cut기에 정확히 세팅(setting)이 안 된 상태로 가공이 되었거나 V-cut날이 심하게 마모되었을 때 발생한다.

방 지 대 책

기판이 V-cut기에 튕기는 현상이 있는지를 확인 조치하고, V-cut날의 마모 정도도 확인 체크한다.

불 량 명(V- cut 불량 4)

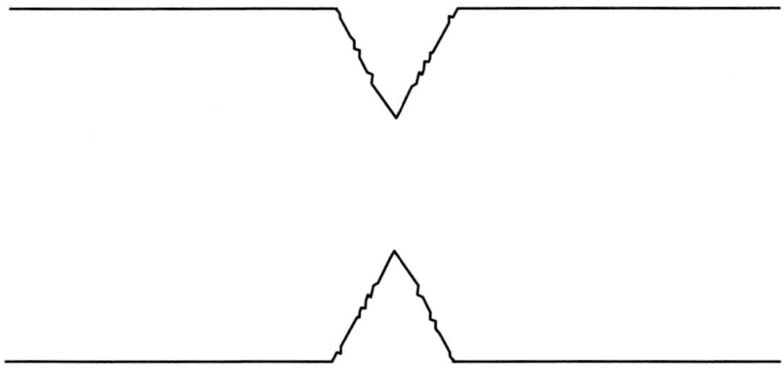

(V-cut 홈 거침)

원 인

V-cut날이 너무 노화되었거나 V-cut날이 흔들려서 가공 시 발생한다.

방 지 대 책

V-cut날이 너무 노화되었을 경우 즉시 교체하고, V-cut날의 흔들림 여부를 확인 체크한다.

불 량 명(금형 프레스(press) 편심)

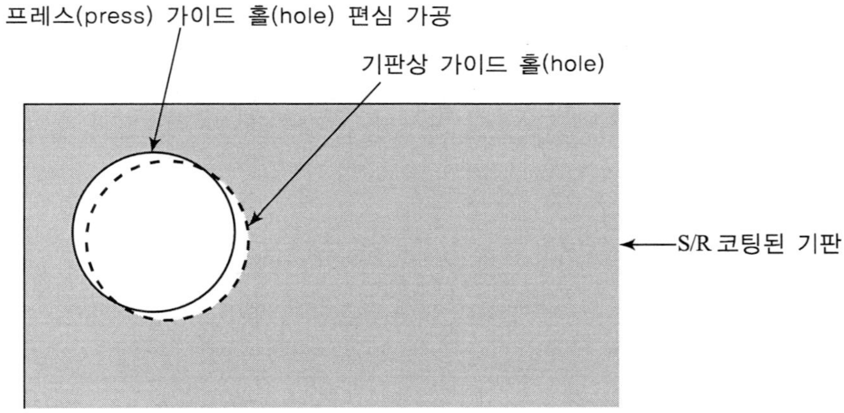

원 인

금형 프레스 보드(Press board) 고정 핀(pin)의 유격으로 발생하거나 금형 치수 불량으로 발생한다.

방 지 대 책

금형 프레스 보드(Press board) 고정 핀(pin)의 샘플링(sampling) 치수 측정을 하여 편차 정도를 확인하여 편차범위(± 10% 이내)를 벗어나면 핀(pin)을 즉시 교체하여야 하고, 금형 치수 체크를 하여 치수 불량일 경우 금형 역시 교체하여야 한다.

불 량 명(벤딩 불량 1)
(휨(Bending) 불량)
원 인
기판 초기 재단 시 방향성을 고려하지 않고 재단하였거나 공정 진행 시 기계적 및 열적 스트레스(stress)를 많이 받아서 발생한다.
방 지 대 책
초기 기판 재단 시 반드시 방향(종 및 횡 방향)을 일치시켜 재단하여야 하며, 공정에서 기계적, 열적 스트레스(stress)를 너무 심하게 받는 공정이 있는지 확인 체크한다.

불 량 명(벤딩 불량 2)
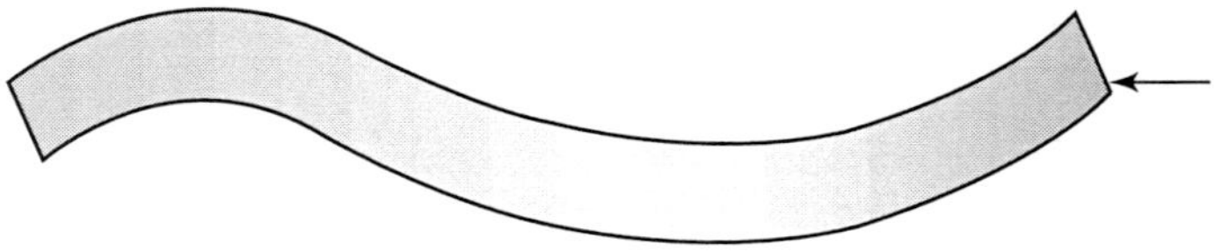 (뒤틀림(Twist) 불량)
원 인
공정 진행 중에 심한 기계적 및 열적스트레스(stress)를 받아서 발생한다.
방 지 대 책
PCB 제조 공정 전체를 기계적, 열적 스트레스(stress)가 심한 공정 유무를 체크 재조정한다.

불 량 명(날개 부러짐)

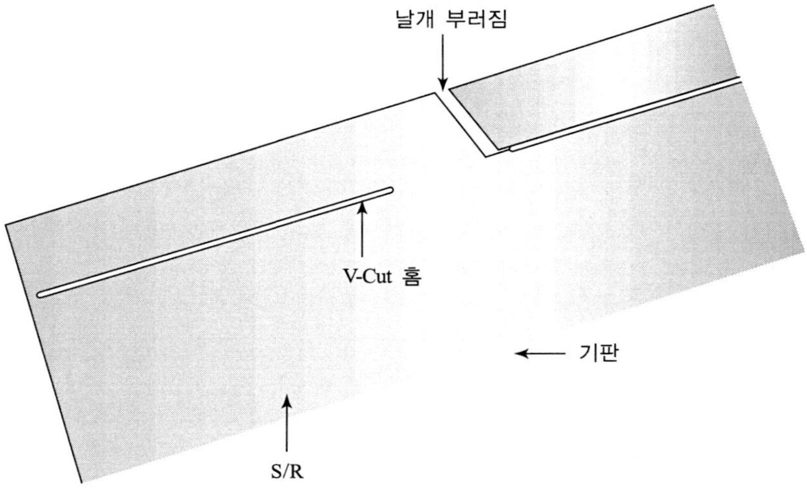

원 인
기판의 운반, 이송 시 외부의 충격 또는 V-cut 홈 깊이가 깊게 가공된 기판에서 자주 발생한다.

방 지 대 책
기판의 운반, 이송 시 자동화하고, V-cut 홈 깊이를 체크해 보고 V-cut 문제 시 V-cut 가공조건을 재확인 체크한다.

참고문헌

1. The board authority, a practical approach to approach to making fine feature multilayers by Larry Breedan and patricia Goldman October 1999.
2. pc fab, optimizing the oxide process by John Cordani January 1989.
3. The board Authority, etching Solution by clyde F. Coombs, Jr. June 2001.
4. PC fab, Skip plating by Gerhard steinberger, Ronald vogel, Jong chapman June 1999.
5. pc fab, an overview of Small hole processing by M.J Harris February 1991.
6. pc fab, Innerlayer registration and dimensional Stability by David Iguchi March 1991.
7. Circuitree, Using routing technigues to minimize by Bryce horine and mike Ledding february 2000.
8. pc fab, high potential failure analysis by Luis F. scott June 1991.
9. Circuit world Vol.16 No.4, The pinkring Condition in Multilayer pcbs by S. Graham, A. hanson, M. hattam, L. Jennison, M. Jordan 1990.
10. circuitree, fine Line in high Yield(part xxx Ⅰ); Ragged pattern plated Circuit Lines by Karl. H. Dietz March 1998.

3 외관 불량 및 기타 불량

이 장에서는 PCB의 외관 관련 불량과 기타 finish, 인쇄, 드릴 등에 관련된 불량을 소개하고 있고, 외관 불량은 기능적인 불량은 안 되지만 최종 검사에서 불량으로 선별되기 때문에 요 근래에는 철저한 품질관리가 필요하다.

불 량 명(외관 단선(open) 1)

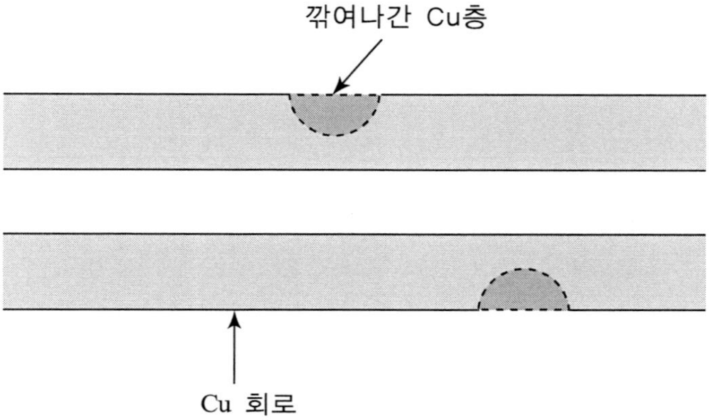

원 인

회로상에 도금을 방해하는 물질(레지스트(resist))이 잔류하여 발생한다.

방 지 대 책

공정상에 도금 레지스트(resist)의 유입 경로를 파악하여 개선한다.

불 량 명(외관 단선(open) 2)
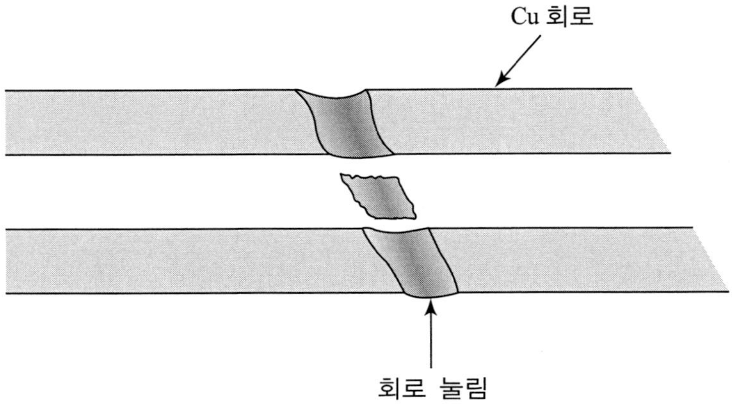
원 인
원판상의 dent(눌림)로 인하여 dent(눌림) 부위의 수지로 회로 눌림 현상과 잔류동이 동시에 발생한다.
방 지 대 책
원판의 수입 검사를 철저히 하고 근본적으로 생산 라인에 투입되지 않도록 관리한다.

불 량 명(외관 단선(open) 3)
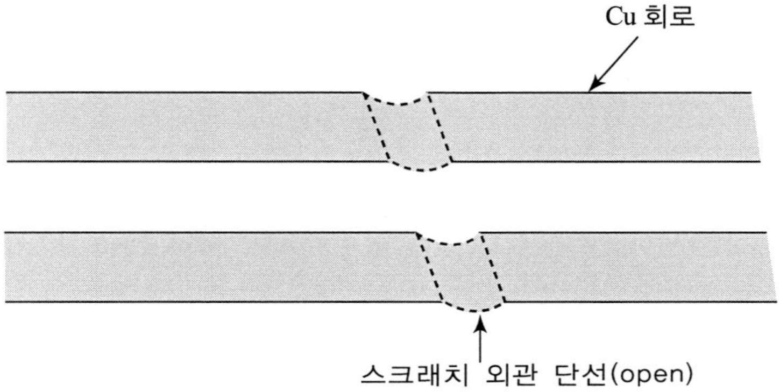
원 인
원판상의 스크래치로 인해 발생한다.
방 지 대 책
원판의 수입 검사를 철저히 하고 근본적으로 생산 라인(Line)에 투입되지 않도록 한다.

불 량 명(외관 단선 4)

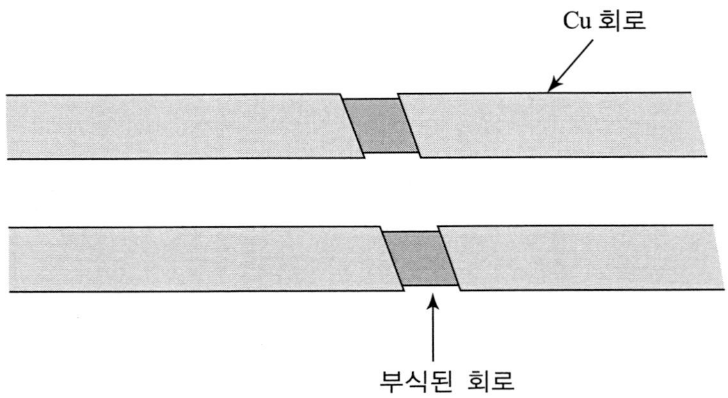

원 인

외층 패턴 도금 공법 중 D/F 박리 후 스크래치에 의해 솔다 도금 층이 제거된 상태로 알카리부식이 되면서 스크래치 층의 Cu가 일부 부식이 되어 발생한다.

방 지 대 책

외층 D/F 박리 후 기계적인 스크래치 및 보드(Board) 겹침 등의 유무를 확인 체크한다.

불 량 명(도금 pit 1)

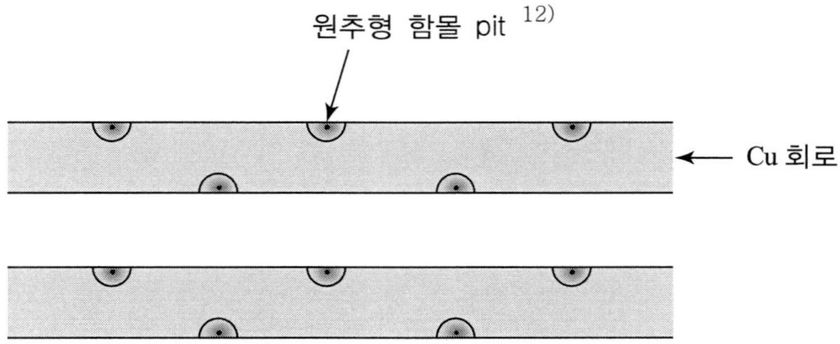

원 인

1. D/F 현상 후 수세 부족으로 D/F 레지스트(resist) 성분이 회로에 잔존하여 있을 때 발생한다.
2. 전기 동 도금 시 air blow가 부족하였거나 불균일하였을 때 발생한다.

방 지 대 책

1. D/F 현상 후 수세는 가능한 1차 온수세, 2, 3차 수세로 완벽히 해 주어야 한다.
2. 전기 동 도금의 air blow는 충분히 해주고 균일 여부도 확인하여 필요 시 보완한다.

12) pit란 쥐가 파먹은 현상이라 하여 도금과정에서 가끔 발생한다.

불 량 명(도금 pit 2)

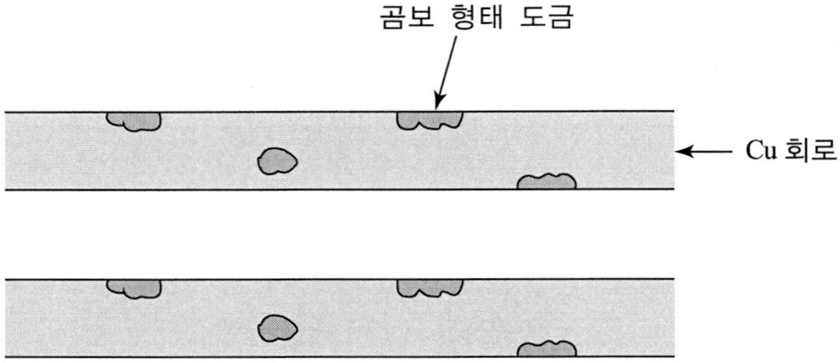

원 인

회로 표면에 도금 전 공정에서 도금 레지스트(resist)의 오염으로 산발적으로 발생한다.

방 지 대 책

도금 전 공정에서 도금 레지스트(resist) 오염원의 발생 근원지를 찾아 제거한다.

불 량 명(드릴 불량 1)

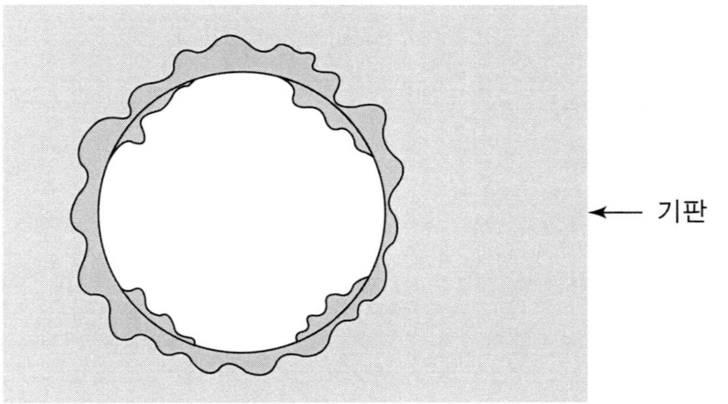

(관통 불량)

원 인

1. 손상된 드릴 bit로 드릴 작업이 이루어졌을 때 발생한다.
2. 드릴 bit에 chip이 감겨 있는 상태로 드릴 작업이 이루어졌을 때 발생한다.

방 지 대 책

드릴 bit의 작업 전 확인관리가 중요하고, 드릴 중간마다 bit의 chip 감김 유무를 확인 관리해 주어야 한다.

불 량 명(드릴 불량 2)

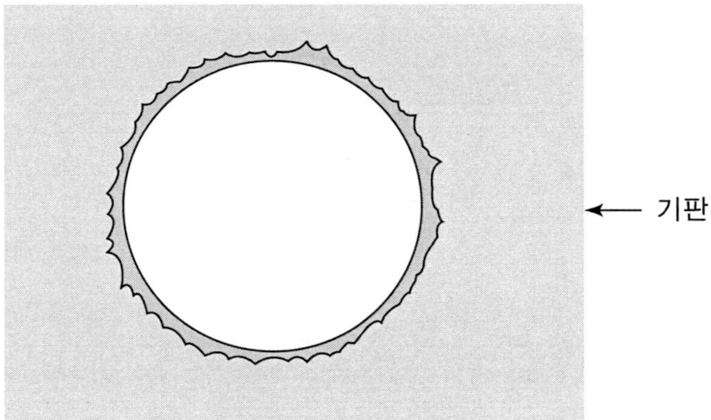

(Burr 불량)

원 인

드릴 전 기판이 휘어 있는 상태로 드릴이 진행되었거나 stacking 불량으로 발생한다.

방 지 대 책

드릴 전 stacking은 AL foil(엔트리보드(Board)), back up 보드(Board)의 상태가 정상인지 확인하고, 기판은 휜 상태로 드릴 작업하지 말아야 한다.

불 량 명(드릴 불량 3)
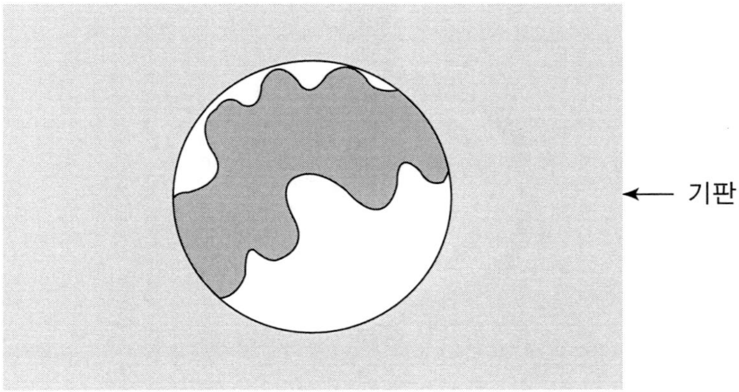(홀(hole) 속 이물질)

원 인
드릴 작업 시 조건이 잘 안 맞았거나 bit가 너무 마모가 심한 상태의 노화된 bit를 사용하여 드릴하였을 때 발생한다.

방 지 대 책
드릴 작업조건의 적합성을 확인하고 부적합할 경우 조건 변경이 필요하고 너무 마모한 심한 bit는 즉시 교체하여야 한다.

불 량 명(드릴 불량 4)

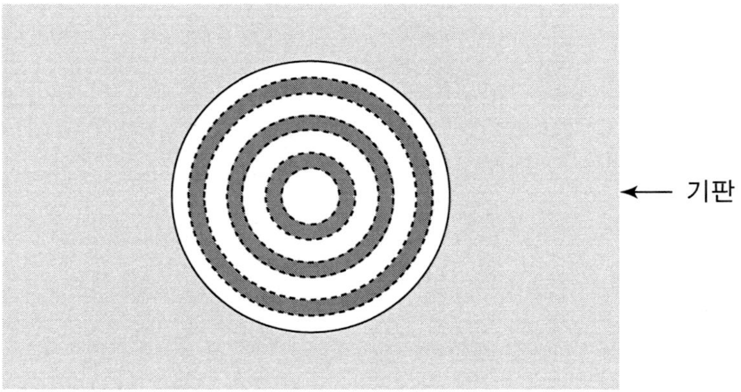

(미 관통 불량)

원 인

드릴 도중에 bit가 부러진 상태로 드릴이 진행되었을 때 또는 규정 이상의 stacking으로 맨 하단 기판의 홀(hole)이 완전 관통이 안 되어 발생한다.

방 지 대 책

드릴 도중에 Bit가 부러지면 자동으로 stop 되는 System을 채용하고, stacking은 반드시 기판 두께에 따라 규정대로 하여야 한다.

불 량 명(드릴 불량 5)

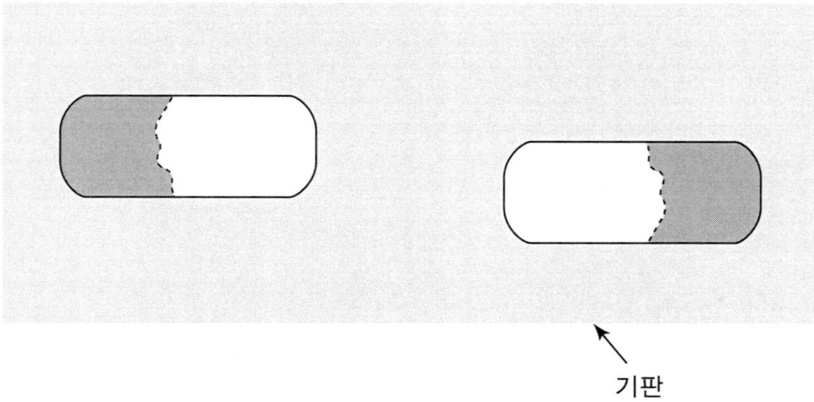

(각홀(hole) 불량)

원 인

각홀(hole) 드릴 작업 시 중간에 bit가 부러졌거나 각홀(hole) 드릴조건이 부적절하였을 때 발생한다.

방 지 대 책

각홀(hole) 드릴 작업 시 bit가 부러지면 자동으로 stop 되는 system을 도입하고 각홀(hole) 드릴조건을 재확인한다.

불 량 명(드릴 불량 6)

1. 엑스트라 홀(extra hole)

2. 홀(hole) ∅ 미스(miss)

3. missing hole

4. 편심

원 인

1. 드릴 program 중에 미스(miss)로써 홀(hole)이 없어야 할 곳에 홀(hole) 가공이 됨으로써 발생한다.
2. Bit 세팅(setting)을 잘못하였거나 program 미스(miss)로 홀(hole) ∅가 다른 것으로 홀(hole) 가공되어 발생한다.
3. Bit가 드릴 작업 중에 부러져 홀(hole) 가공이 안 되어 발생한다.
4. Stacking을 과다하게 하였거나 xy 좌표를 잘못 설정하였거나 stacking 핀(pin)이 규격에 안 맞을 경우 발생한다.

방 지 대 책

드릴 program 과정 교육이 필요하고 bit ∅ 관리를 철저히 하여야 하고, stacking 규정과 stacking 핀(pin)의 철저한 규격관리가 필요하다.

불 량 명(내·외층 편심)

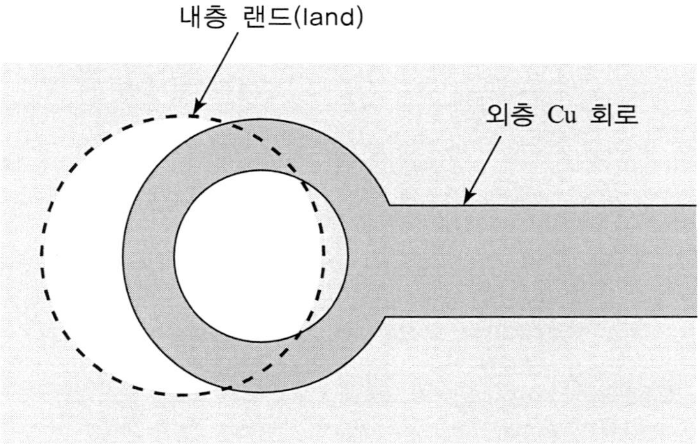

원 인

1. 내층 수축률의 잘못된 적용으로 발생한다.
2. 내층 필름(film) 또는 외층 필름(film)이 환경적인 요인으로 수축 팽창하여 발생한다.

방 지 대 책

1. 내층 수축률에 대한 보정률을 재시험, 평가하여 필요 시 보정률을 변경한다.
2. 내층 필름(film) 외층 필름(film)의 작업실 및 보관실의 온도 습도 조절을 확인하고 동일하게 맞추어준다.

불 량 명(외층 패턴 편심)

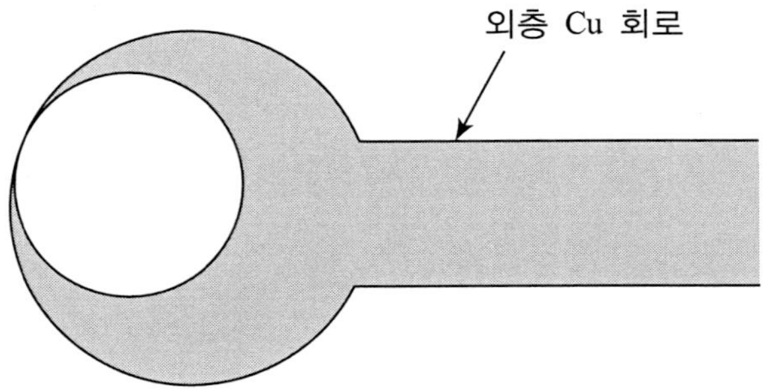

원 인

1. 외층 패턴(회로) 필름(film)의 수축 또는 팽창으로 발생한다.
2. 드릴 시 드릴 편심에 의해서도 발생한다.
3. D/F 노광 작업 시 노광 핀(pin)의 쏠림 등에 의해서도 발생한다.

방 지 대 책

1. 외층 회로 필름(film)의 치수를 측정하여 보고 심하게 차이가 나면 새 필름(film)으로 작업한다.
2. 드릴 편심 여부를 확인한다.
3. D/F 노광 핀(pin)의 규격과 필름(film) 가이드 마크 punching 편심도 동시에 확인한다.

불 량 명(PSR 편심)

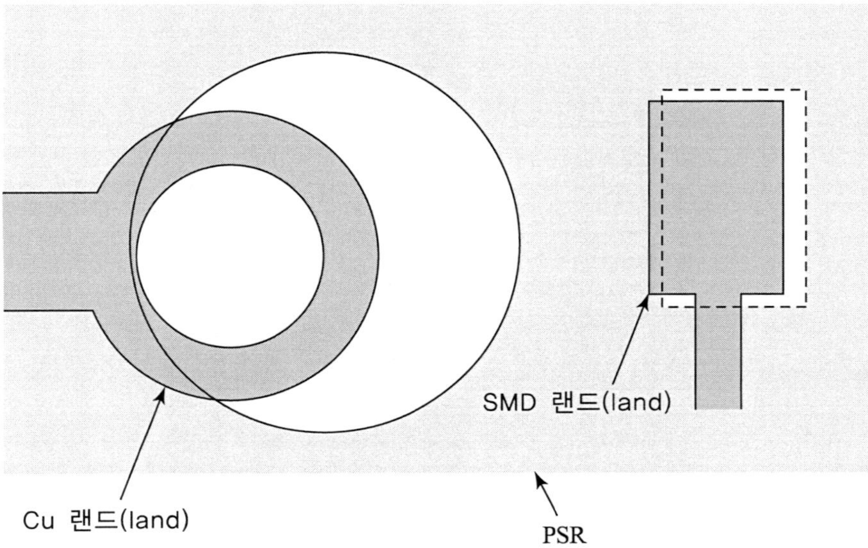

원 인

1/ PSR 노광 핀(pin)이 규격이 안 맞거나 가이드 마크 펀칭에 편심이 있을 경우 발생한다.

2. PRS 필름(film)의 수축 팽창에 의해 필름(film)이 제품과 맞지 않아 발생한다.

3. 패턴 필름(film)에서 편심이 있는 상태에서 PSR 필름(film) 정상상태로 작업 시 발생한다.

방 지 대 책

1. PSR 노광 핀(pin) 규격 확인 및 PSR 필름(film) 가이드 펀칭 편심을 확인 체크한다.

2. PSR 필름(film)과 패턴 필름(film)을 정밀 거리 측정하여 CAM data와 비교하여 불량 필름(film)을 확인 조치한다.

불 량 명(회로 폭 감소 1)

원 인

D/F Imaging 단계에서 노광 작업 시 노광량이 기준치보다 훨씬 많이 적용되어 작업되었을 때 발생한다.

방 지 대 책

D/F 노광 작업 전 반드시 노광량을 상하 모두 5 point 이상씩 측정하여 맞추어 작업한다.

불 량 명(회로 폭 감소 2)
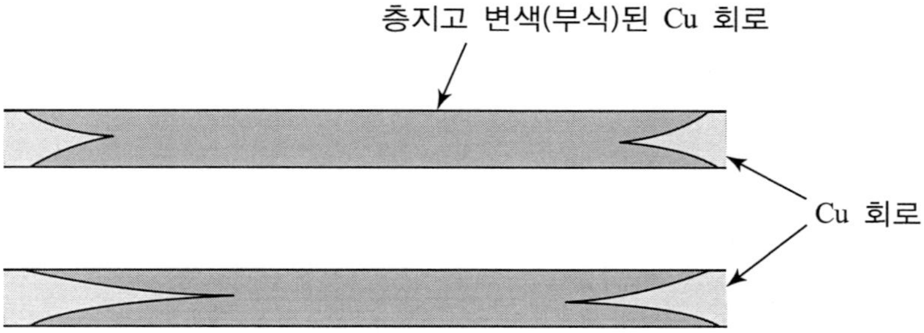
원 인
부식과정에서 부식조건(농도, 온도, 비중, PH 등)이 과하여 over etching이 발생하여 회로 폭이 많이 감소한다.
방 지 대 책
부식조건(농도, 온도, 비중, PH 등)을 재점검 확인하여 재설정하여 준다.

불 량 명(회로 폭 감소 3)

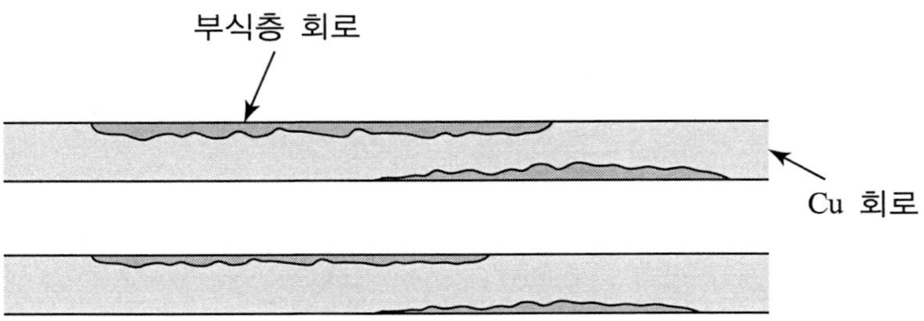

원 인

외층 패턴 도금 공법 과정 중에 솔다 도금이 미흡하게 되어 회로 측면이 알카리부식에 의해 attack을 받아 발생한다.

방 지 대 책

솔다 도금조건(전류밀도, 적용전류, 도금시간, 도금 두께, 상태 등)을 확인하여 재설정하여 준다.

불 량 명(회로 폭 감소 4)

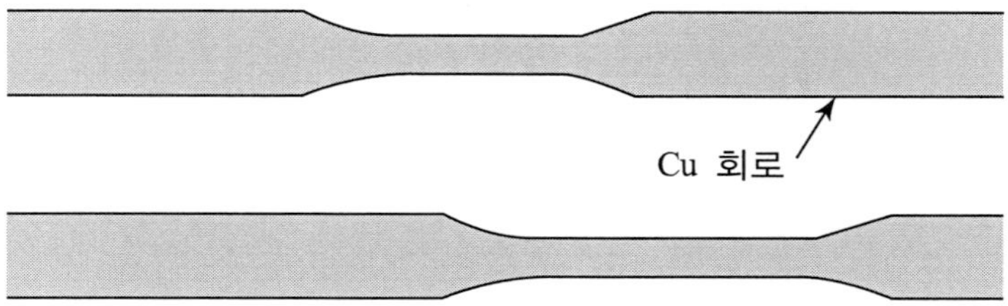

원 인

D/F Imaging 공정 중 D/F Lamination, 노광, 현상 중에 보호 필름(film)이 장시간 벗겨진 상태로 방치/ 작업되었을 때 발생한다.

(대기 중의 산소와 D/F이 중합 반응이 서서히 진행된다.)

방 지 대 책

D/F Imaging 공정 중 D/F 보호 필름(film)이 벗겨지면 재작업을 실시한다.

불 량 명(도금 층(Step plating))

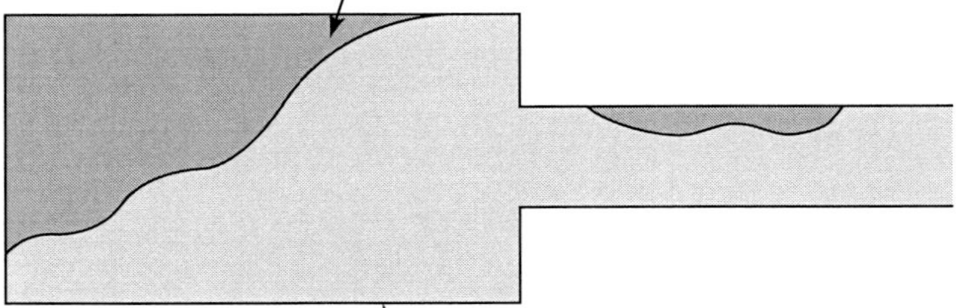

원 인

회로 형성된 D/F이 전기 동 도금 공정 중에 용해되어 회로상에 잔류한 상태로 도금이 진행되었거나 탈지용액의 수세처리가 미흡하여 foam들이 회로상에 잔류한 상태로 도금이 진행되었을 때 나타난다.

방 지 대 책

사용 중인 D/F과 전기 동 도금용액(탈지, soft etching, 전기 동 도금)과 서로 호환이 되는지 재점검하고, 탈지 후 수세처리를 보완하여 foam이 다음 공정으로 넘어가지 못하도록 조치한다.

불 량 명(도금 탐)

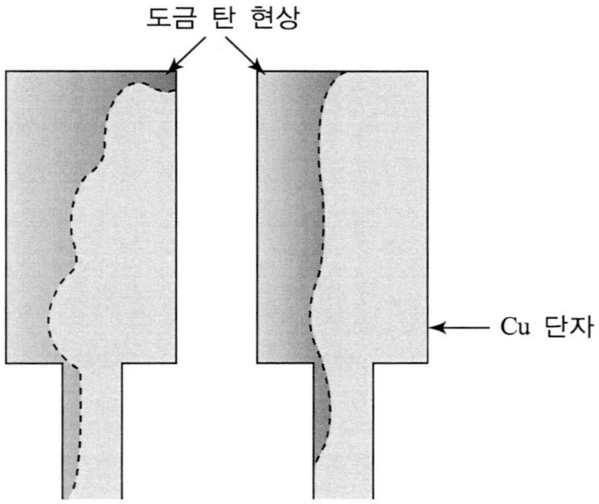

원 인

전기 동 도금 시에 전류를 너무 과다하게 적용하였거나 도금을 너무 장시간 하였을 때 발생한다.

방 지 대 책

전기 동 도금의 전류 적용 수치를 다시 정확히 계산해 보고, 도금시간을 재설정하여 재도금하여 확인한다.

불 량 명(핀 홀(pin-hole) 1)

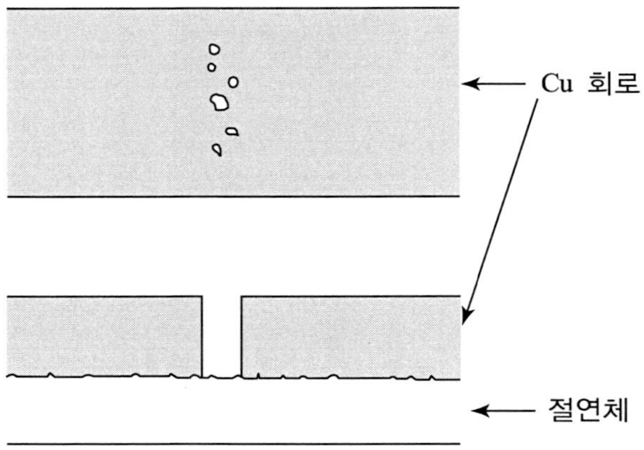

원 인

전기 동 도금 전 D/F 회로 현상 시 수세의 미흡으로 소포제 또는 D/F 레지스트(resist) 성분이 회로가 잔류한 상태로 전기 동 도금이 진행되어 이것들이 도금 레지스트(resist)로 작용하여 발생한다.

방 지 대 책

D/F 현상 후 수세를 보완하여야 하며 필요 시 D/F과 소포제의 호환성 역시 확인해 보아야 한다.

불 량 명(핀홀(pin-hole) 2)

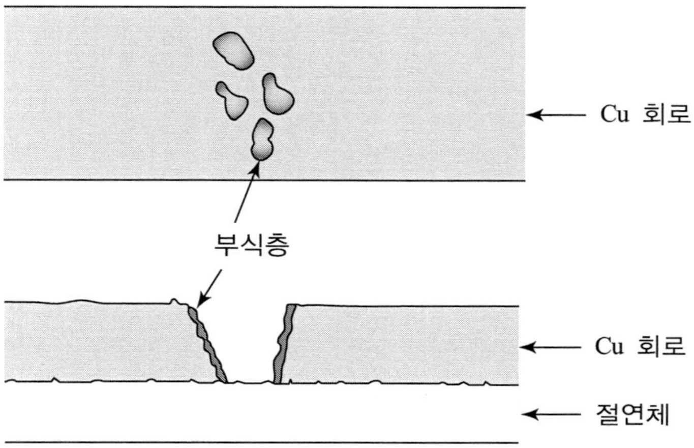

원 인

패턴 도금 공법에서 전기 솔다 도금 시 솔다도금용액의 오염으로 부분적으로 솔다 도금이 안 되어서 알카리부식에 부식되어 발생한다.

방 지 대 책

솔다 도금용액을 즉시 분석하여 오염성분이 발견되면 바로 폐액처리하고 신액을 건욕한다

불 량 명(솔다 미 박리)
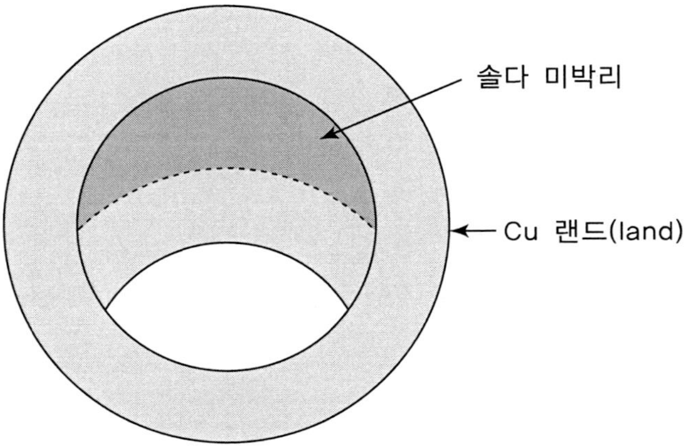
원 인
솔다박리용액의 노화로 인해 발생하거나 솔다 박리조건(농도, 온도, 처리시간 등)이 잘 안 맞아서 발생한다.
방 지 대 책
솔다박리용액이 노화되었을 때에는 보충 또는 폐기하여 신액 건욕하거나 작업 조건을 재확인, 보완한다.

불 량 명(PSR 미 현상)

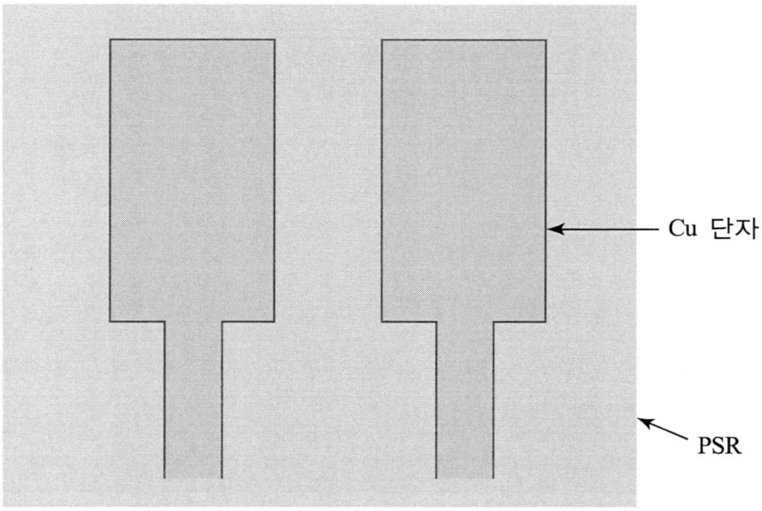

원 인

1. PSR 현상용액이 노화되어 현상이 제대로 안될 경우 발생한다.
2. 현상 작업조건(농도, 온도, break point, 스프레이(spray) 압력 등)이 미흡한 상태로 작업되었을 때 발생한다.
3. 건조 후 건조조건이 너무 과다하였을 때 발생한다.

방 지 대 책

1. PSR 현상용액이 노화되었을 때는 새로 신액으로 건욕한다.
2. 현상 작업조건을 모두 확인하고 보완한다.
3. 인쇄 후 건조조건을 확인하고 과 건조 여부를 체크 재조정한다.

불 량 명(PSR 노광 불량)

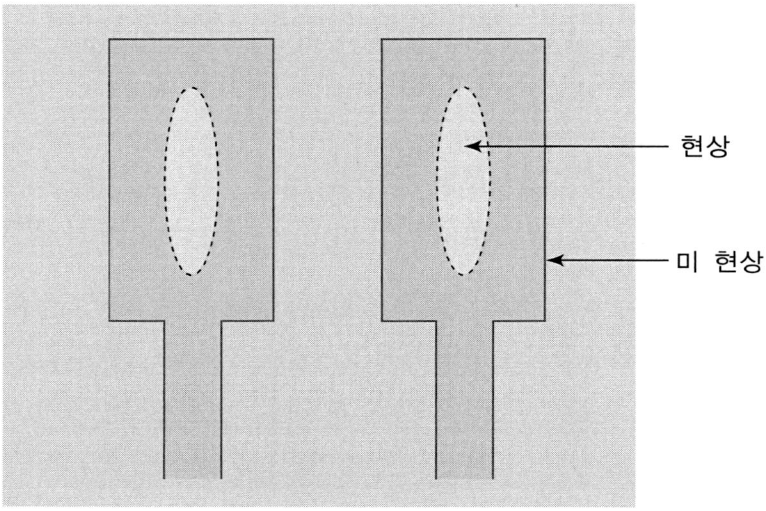

원 인

PSR 노광 작업 시 vacuum(진공)이 제대로 잡히지 않은 상태로 노광 작업이 진행되었거나 적용 노광량이 너무 과다할 경우에 발생한다.

방 지 대 책

PSR 노광 시 vacuum이 제대로 잡히는지 확인하고 문제 시 수리하거나 노광량 측정기로 실제 노광량을 측정하여 조치한다.

불 량 명(인쇄 불량 1)

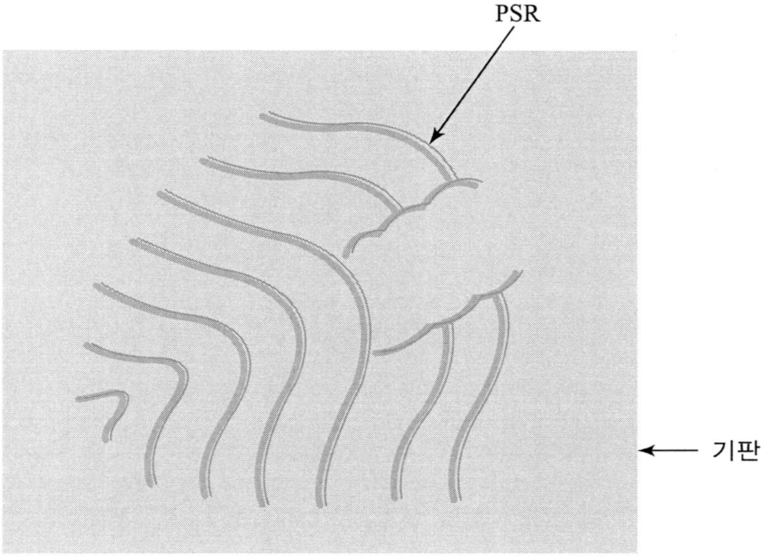

원 인

인쇄 작업 시 잉크(ink) 번짐에 의하거나 작업자 취급 시에 옷의 스침으로 발생한다.

방 지 대 책

PSR 잉크(ink) 의 점도를 측정하여 보고 점도가 너무 낮을 경우 점도가 높은 잉크(ink)로 교체하고, 작업 시 취급에 주의한다.

불 량 명(인쇄 불량 2)

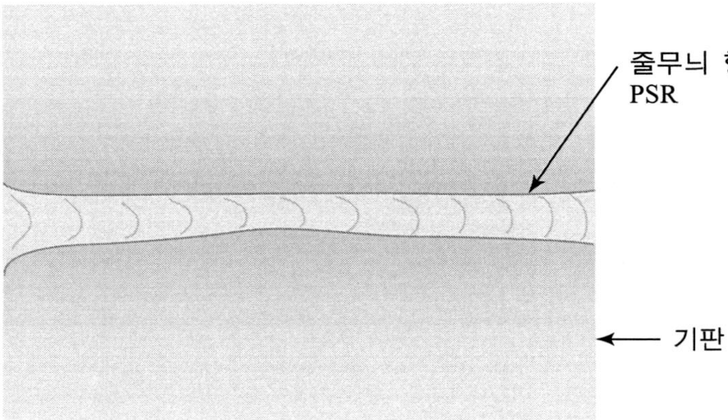

원 인

PSR 인쇄 스퀴지 마모로 인해서 날이 손상 되거나 이가 빠져 그 부위 잉크(ink)가 줄무늬형태로 인쇄 불량을 발생한다.

방 지 대 책

스퀴지를 재연마(resharp)하거나 재연마가 어려울 경우 새 것으로 교체한다.

불 량 명(skip)

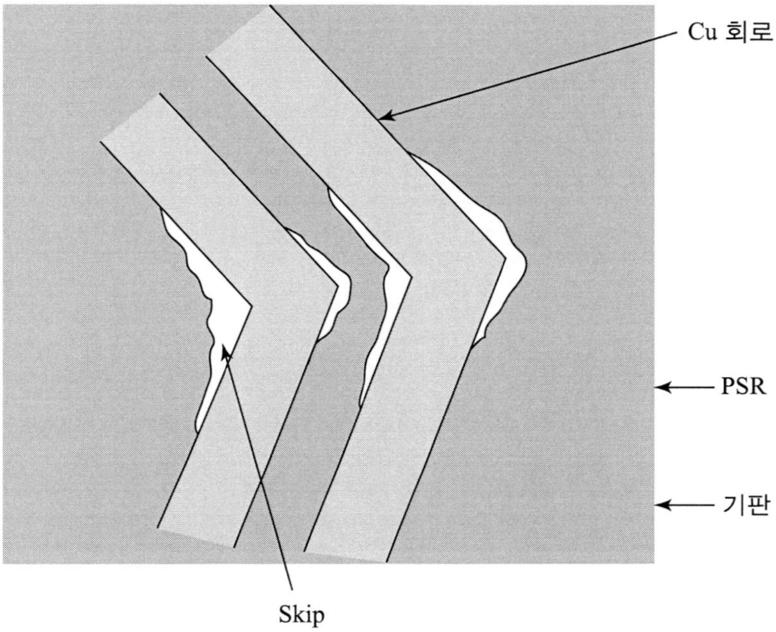

원 인

1. 전기 동 도금의 도금 두께가 너무 두꺼울 때 PSR 잉크(ink)가 회로 모서리를 메꾸지 못하여 발생한다.
2. 잉크(ink)의 점도가 너무 높거나, 인쇄 시 스퀴지 압력이 너무 낮을 때 발생한다.

방 지 대 책

1. 전기 동 도금의 적용 전류를 재확인 조정을 하여준다.
2. 잉크(ink) 점도를 측정하여 너무 높으면 적당한 점도의 잉크(ink)로 교체하고, 인쇄 압력을 적정하게 올려준다.

불 량 명(홀(hole) 속 잉크(ink))

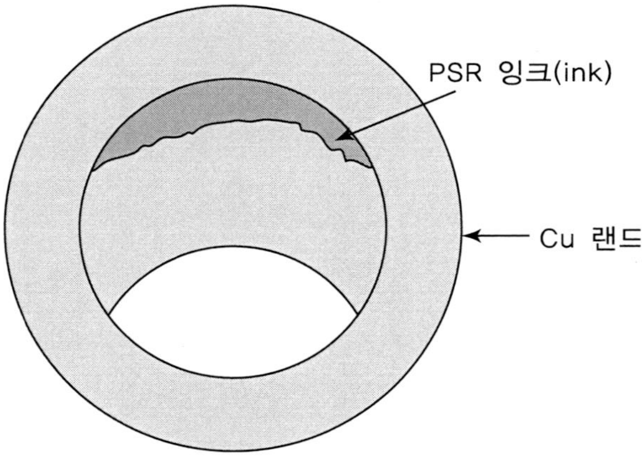

원 인

PSR 불량으로 잉크(ink)를 제거하여 재작업이 진행되었거나 PSR 잉크(ink) 인쇄 시 잉크(ink)가 과다하게 홀(hole) 속에 유입 되었거나 건조조건이 과했거나 현상조건이 부족하였을 때 발생한다.

방 지 대 책

재작업 기판은 철저히 잉크(ink)가 홀(hole) 속에 남아 있는지를 확인해야 하고, 인쇄조건, 건조조건, 현상조건을 확인 체크해야 한다.

불 량 명(백화)

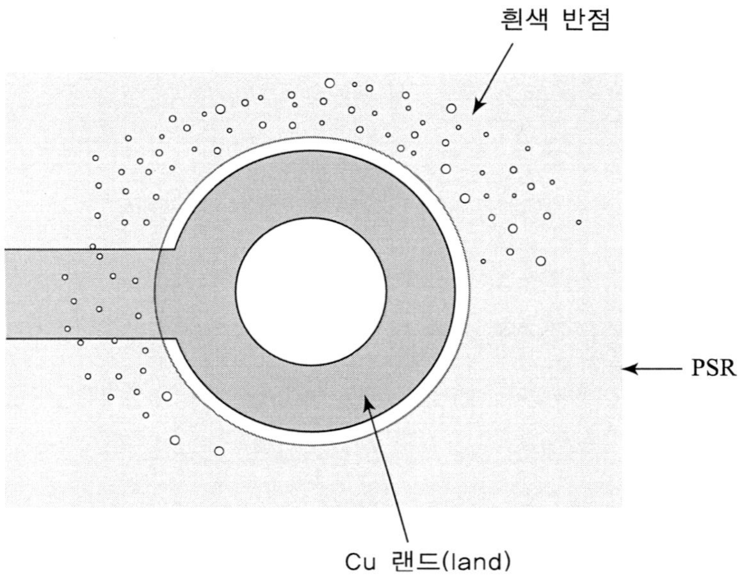

원 인

원인은 여러 가지에 의할 수가 있는데 PSR 인쇄 후 건조 및 노광이 부족하였을 때와 현상 시 현상용액의 농도, 온도가 정상보다 과하여 PSR을 attack 하였다거나 최종 경화가 부족하였을 때 나타날 수 있다.

방 지 대 책

PSR 인쇄 후 건조 및 노광조건을 체크하여 부족 시에는 조건 재설정을 해주고, 현상용액의 농도, 노화 정도 등을 확인해 보고, 최종 경화조건(온도, 시간 등)을 확인 조정한다.

불 량 명(마킹 불량 1)

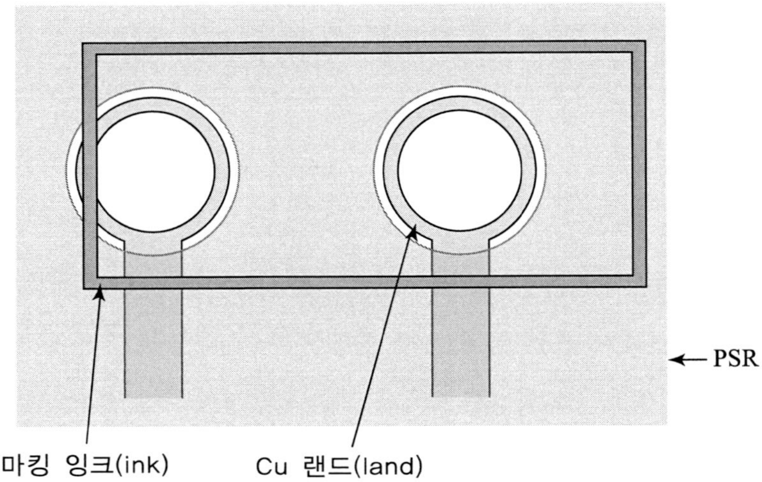

원 인

마킹 인쇄 시 스크린 프레임과 기판과의 세팅 미스(setting miss)로 발생한다.

방 지 대 책

마킹 인쇄의 스크린과 기판과의 세팅(setting) 시에는 인쇄 경험이 많은 작업자가 관리를 해 주어야 한다.

불 량 명(마킹 불량 2)

(마킹 거침)

원 인

마킹 잉크(ink)의 점도가 너무 낮거나 제판에서 이미 거칠게 마크 등이 제작되었을 때 발생한다.

방 지 대 책

인쇄하려는 마킹 잉크(ink)의 점도를 점도 측정기로 측정해 보고 너무 낮을 경우 적당한 점도의 잉크(ink)로 교체하고, 제판상태를 정밀 체크하여 필요 시 제판을 새로 제작한다.

불 량 명(마킹 불량 3)

(마킹 뜸)

원 인

마킹 인쇄 후 열 경화 과정 중에 경화 부족으로 발생하거나 잉크(ink) 자체의 문제로 발생한다.

방 지 대 책

마킹 인쇄 후 열 경화조건(온도, 시간 등)을 재확인하여 완전 경화 여부를 확인하고 잉크(ink) 문제를 확인하여(여러 잉크(ink)를 test하여) 필요 시 잉크(ink)를 교체한다.

불 량 명(마킹 불량 4)

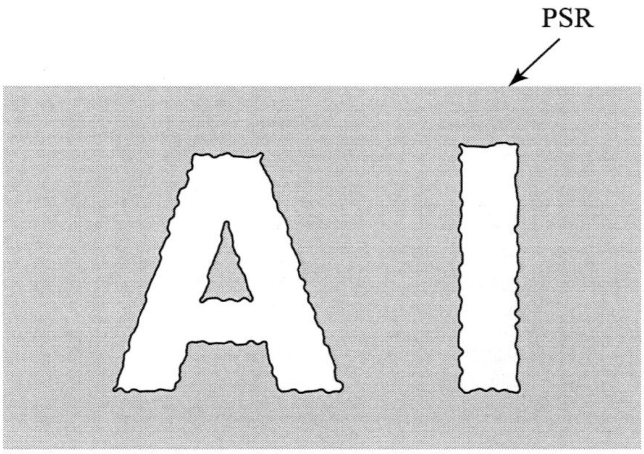

(마킹 번짐)

원 인

점도가 낮은 마킹 잉크를 사용하여 인쇄를 하였거나 인쇄조건(스퀴지 경도, 스퀴지 각도, 인쇄 압력, 속도, off-contact[13]) 정도 등)이 안 맞았을 때 발생한다.

방 지 대 책

우선 마킹 잉크(ink)를 점도를 체크해 보고 점도가 너무 낮으면 즉시 잉크(ink)를 교체하여 점도가 맞는 잉크(ink)로 사용하고, 인쇄조건 역시 정밀 체크하여 조정한다.

13) off-contact이란 실크스크린 프레임과 인쇄하려는 PCB 사이의 간격을 말한다.

불 량 명(잉크(ink) 뜸)
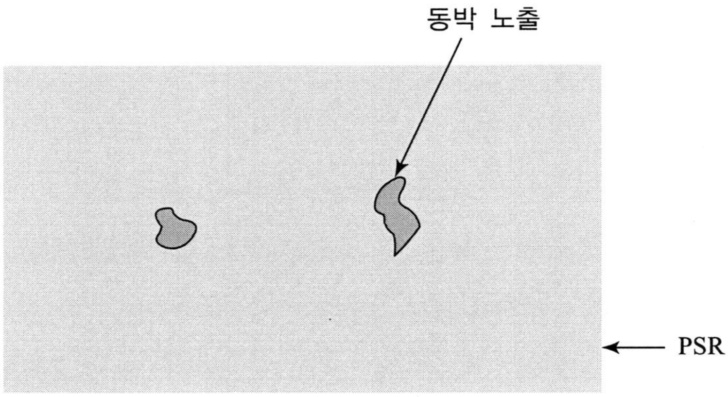
원 인
PSR 인쇄 전 정면처리 시 정면 후에 오염수에 의한 산화 자국 위에 인쇄가 되었을 때 또는 인쇄 시, 노광 시에 이물질이 유입되어 발생한다.
방 지 대 책
PSR 정면은 정면 후 오염수에 의한 물방울 산화 여부를 중점 체크하여 조치해야 하고 인쇄, 노광 시 이물질 유입 여부를 확인, 조치하여야 한다.

불 량 명(잉크(ink) 밀착 불량)

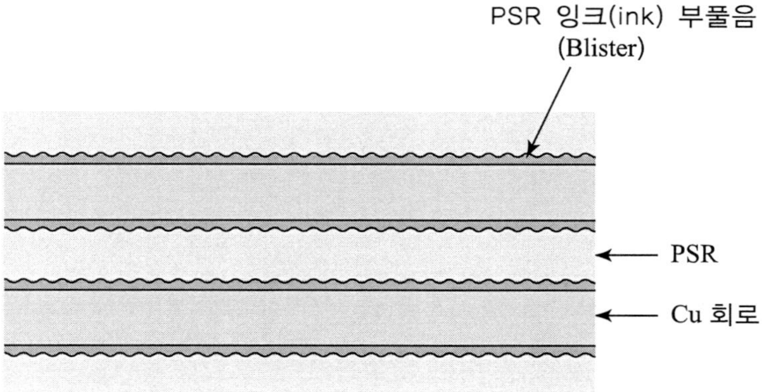

원 인

PSR 정면처리 시 정면 후의 오염된 수세 수로 수세처리가 되었거나 인쇄 시 점도가 너무 높은 잉크(ink)로 인쇄되었을 때 발생한다.

방 지 대 책

PSR 정면 후 수세 수의 오염 여부를 확인해 보고 조치하여야 하며, 점도계를 이용하여 점도를 측정하고 필요 시 잉크(ink)를 교체한다.

불 량 명(HAL 불량 1)

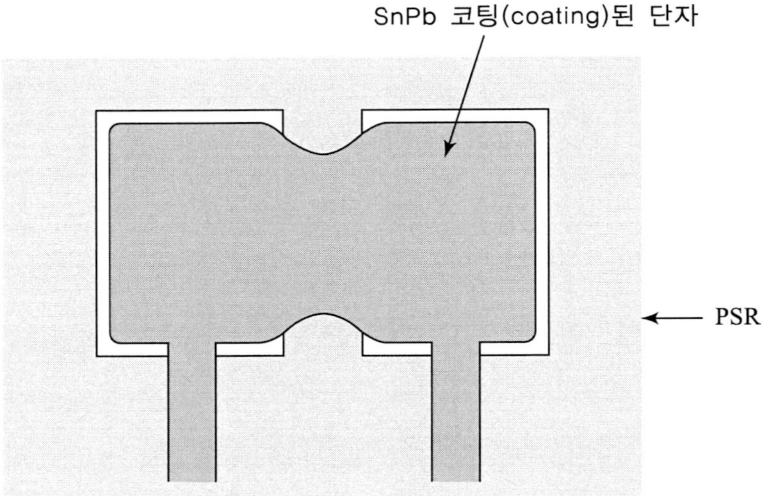

(HAL 쇼트(short))

원 인

HAL의 솔다(SnPb)의 Sn : Pb의 성분비의 부적합 또는 작업조건(온도, 처리시간, 스프레이(spray) 각도, 압력 등)이 적절하지 못할 경우에 발생한다.

방 지 대 책

솔다(SnPb) 성분비가 Sn(63) : Pb(37)의 조성 여부와 작업조건의 적절 여부를 확인 조치한다.

불 량 명(HAL 불량 2)

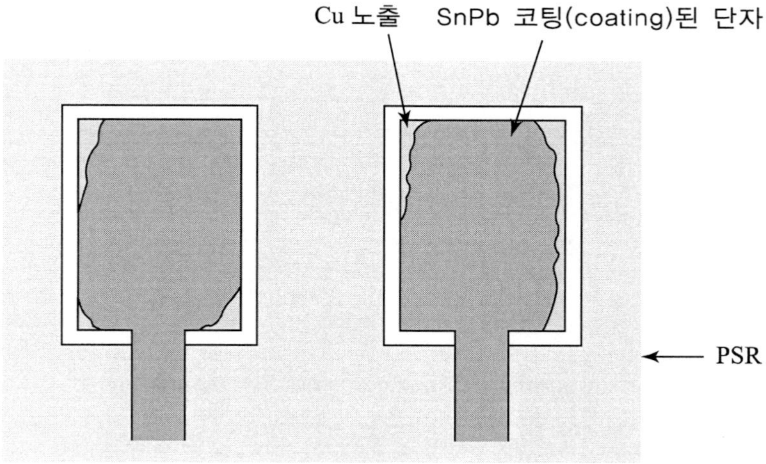

(Non–wetting)

원 인

HAL 처리 전 flux 처리를 하는데 flux가 충분히 도포되지 않았거나 Cu 표면에 soldering 레지스트(resist)가 잔존하여 발생한다.

방 지 대 책

flux 처리 시 충분히 도포되는 조건을 잡고 PSR 잉크(ink)가 혹시 Cu 단자 위에 미세 막으로 남아 있는지를 확인 체크한다.

불 량 명(HAL 불량 3)

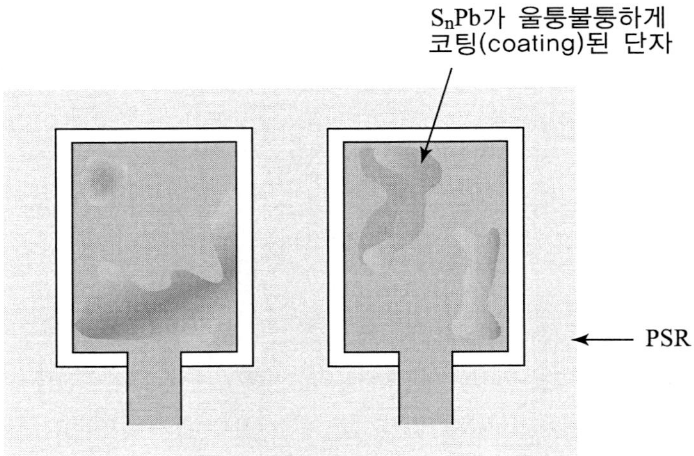

(de-wetting)

원 인

Cu 단자 표면이 심하게 산화되었거나 솔다(SnPb)가 오염된 상태로 HAL이 진행되었을 때 발생한다.

방 지 대 책

Cu 단자 표면이 HAL 전처리에서 산화가 완전히 제거되는지를 확인하고 조건을 재 세팅(setting)하여야 하고 솔다 오염 여부를 확인 체크한다.

불 량 명(HAL 불량 4)

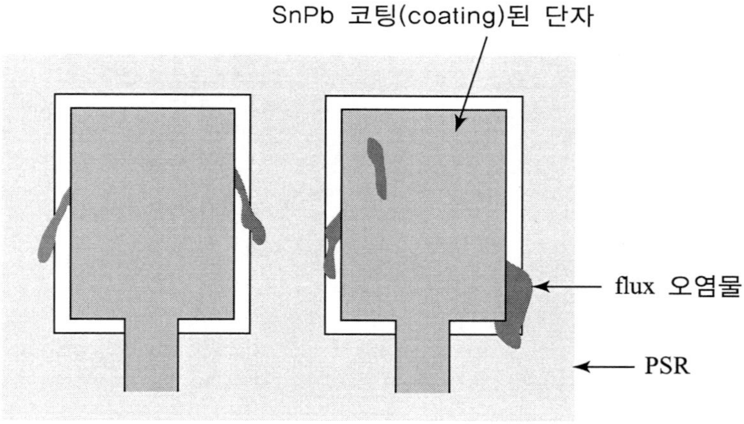

(flux 오염)

원 인

HAL 후 처리조건(나이론 브러시(brush) 처리상태, 수세 수 공급상태, 수세 압력, 수세 수 오염상태 등)이 미흡하였을 때 발생한다.

방 지 대 책

HAL 후 처리 조건들을 정밀 체크하여 조치한다.

불 량 명(HAL 불량 5)
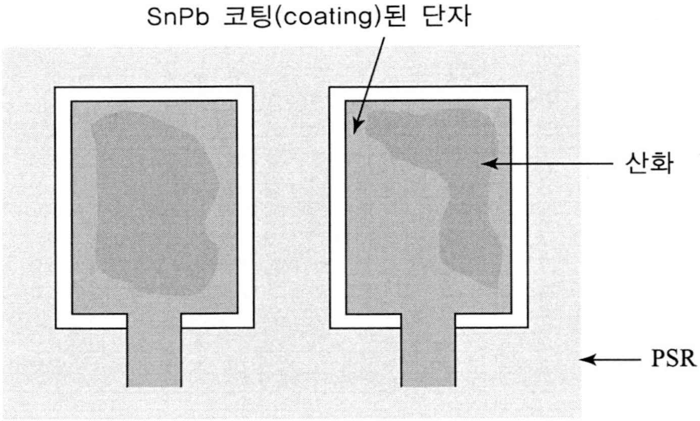 (산화)
원 인
HAL 처리 후 후 처리 실시 마지막 건조가 부족하였을 때 발생한다.
방 지 대 책
HAL 후 처리 건조조건(온도, 처리시간 등)을 확인 완전 건조 여부를 체크한다.

불 량 명(HAL 불량 6)

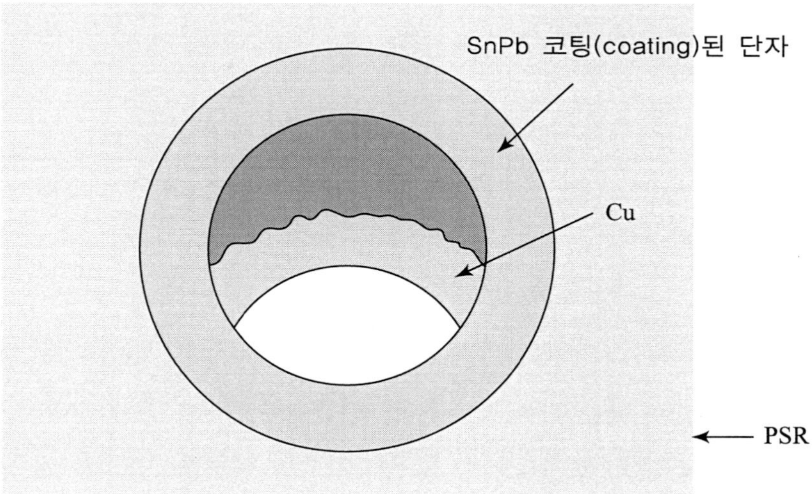

(홀(hole) 속 미납)

원 인

홀(hole) 속에 solidering 레지스트(resist)가 잔존하였거나 PSR 잉크(ink)가 미 현상되어 홀(hole) 속에 남아 있었을 때 발생한다.

방 지 대 책

HAL 전에 기판의 홀(hole) 속을 확인하여 홀(hole) 속 산화 또는 PSR 잉크(ink) 등의 존재 여부를 확인하여 발견 시 앞 PSR 공정을 집중 체크 조치한다.

불 량 명(금 도금 불량 1)
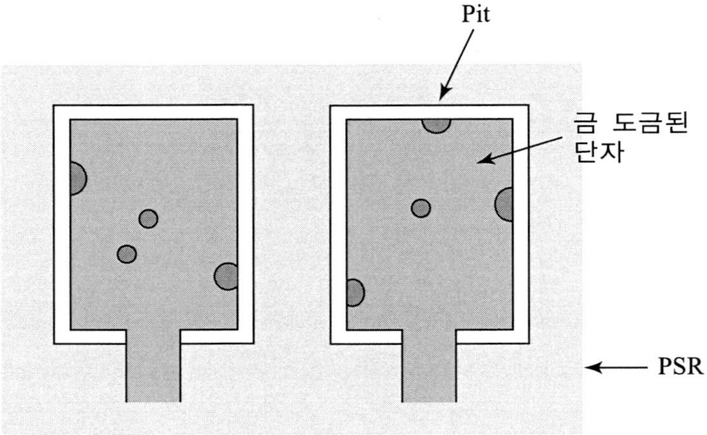 (도금 pit)
원 인
금 도금용액의 오염 또는 금 도금 전 표면처리가 미흡하였을 때 발생한다.
방 지 대 책
오염된 금 도금용액은 활성탄(카본)처리를 실시하고 필요 시 새로 건욕하거나 금 도금 전 표면처리 조건을 강화해 본다.

불 량 명(금 도금 불량 2)
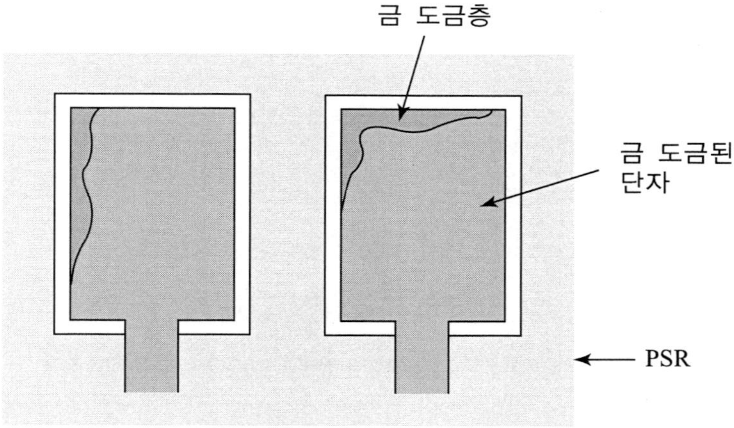 (금 도금 층)
원 인
금 도금용액의 오염 또는 금 도금 전처리용액의 오염 및 수세 수가 오염되어 발생한다.
방 지 대 책
금 도금 전처리용액(탈지, soft etching, catalyst 등)의 오염 여부를 확인하고 각 수세 수의 오염 여부, 금 도금용액 오염 여부를 확인 필요 시 새로 건욕한다.

불 량 명(금 도금 불량 3)
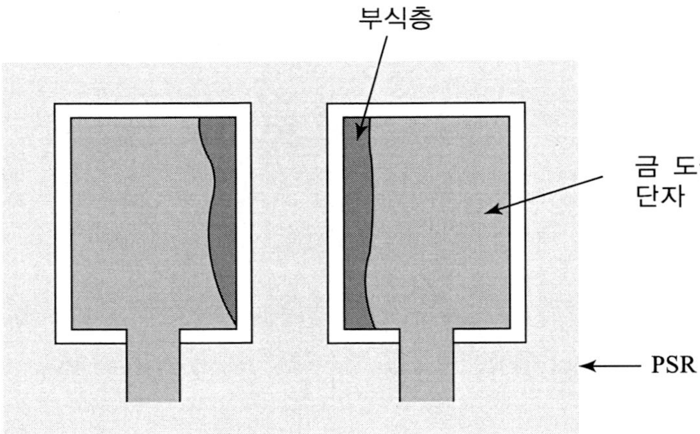 (금 도금 부식층)
원 인
금 도금 후에, 작업 미스(miss)로 etching 용액처리를 하여 부분적으로 부식되어 발생한다.
방 지 대 책
금 도금 후에 작업 공정상 후속 가공으로 진행되어야 하는데 작업자 미스(miss)로 재 soft etching 등의 처리를 교육을 통해 근본적으로 방지한다.

불 량 명(금 도금 불량 4)

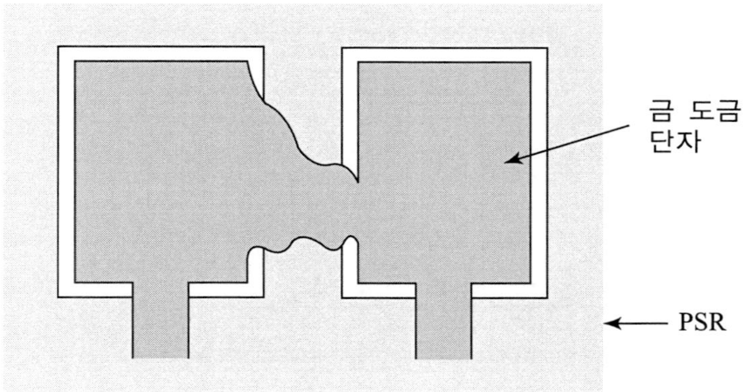

(금 도금 쇼트(short))

원 인

과도한 금 도금조건(전처리조건 과다, 도금용액 온도가 높거나, 장시간 도금 시)으로 PSR 잉크(ink)가 뜸으로 금 도금용액이 PSR 속으로 스며들어 발생한다.

방 지 대 책

금 도금조건(전처리 및 도금용액 온도, 도금시간 등)을 재확인 체크하고 정상 조건으로 재 도금하여 확인한다.

불 량 명(금 도금 불량 5)

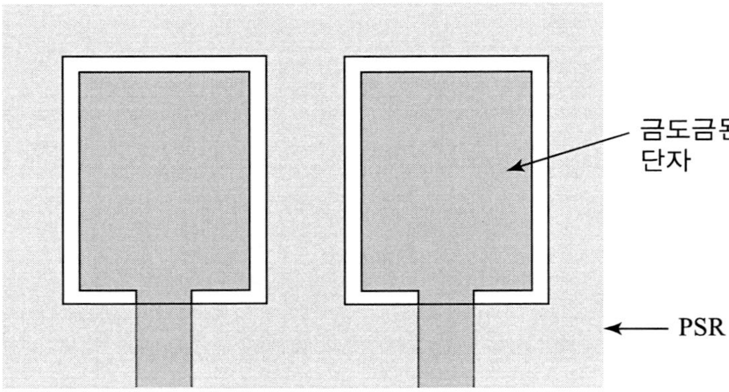

(금 도금 산화)

원 인

금 도금 후에 건조가 덜 된 상태로 자연 방치되면서 산화가 발생한다.

방 지 대 책

금 도금 후에 건조조건(온도, 시간 등)을 재확인하여 완전 건조가 되도록 재조정한다.

불 량 명(금 도금 불량 6)

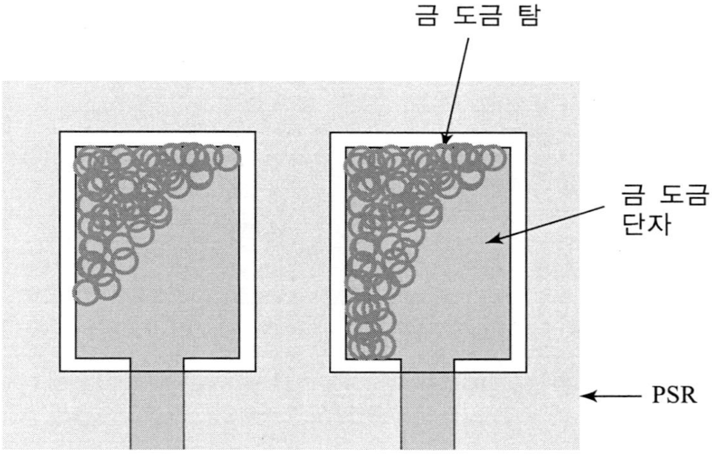

(금 도금 탐)

원 인

전해 금 도금 시, 전류밀도를 과다하게 적용하였거나 광택제가 부족한 상태에서 도금을 진행하였을 때 발생한다.

방 지 대 책

전해 금 도금의 전류밀도를 재계산하여 이상 유무를 확인 재조정 시험해 보고, 광택제의 성분 분석을 통하여 보충하도록 조치한다.

불 량 명(부식 도금 층)

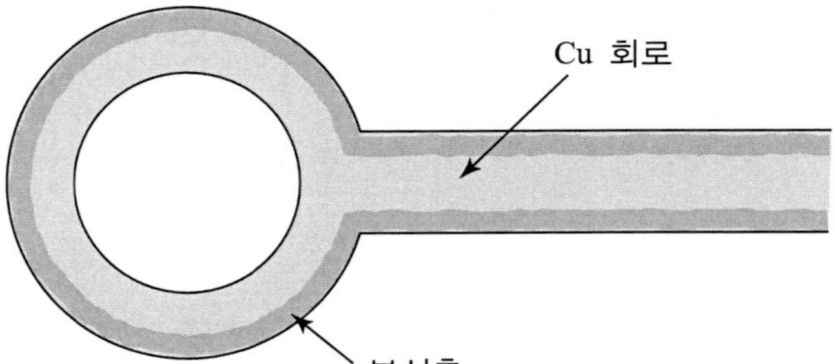

원 인

외층 패턴 도금공법에서 D/F 박리 공정에서 D/F 박리과다(농도, 온도, 노화된 박리용액처리 등)로 솔다 도금 층이 attack 되어 동 도금 층이 노출된 상태로 알카리부식이 진행되었을 때 발생한다.

방 지 대 책

D/F 박리 공정조건(NaOH 농도, 온도, 처리시간 박리용액의 노화 정도 등)을 정상화시켜서 처리해 보고 조치한다.

불 량 명(Non. P.T.H의 Through hole 불량)

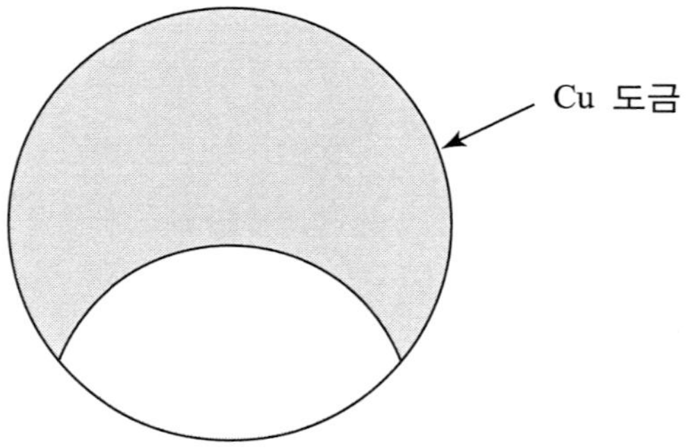

원 인

원래는 D/F으로 덮임(tenting)으로서 전기 도금용액이 침투하지 못하여 Non through hole이 되어야 하는데 어떤 원인으로 D/F이 터짐으로 인하여 도금용액이 스며들어 Through hole이 발생한다.

방 지 대 책

D/F 현상 후 덮임(tenting)으로 터지는 원인을 다각도로 점검하여 근본 원인을 조치해야 하고, 도금 중에 터짐이 발견되면 도금에서도 터짐의 원인을 분석 조치하여야 한다.

불 량 명(전기 동 도금 뜸)

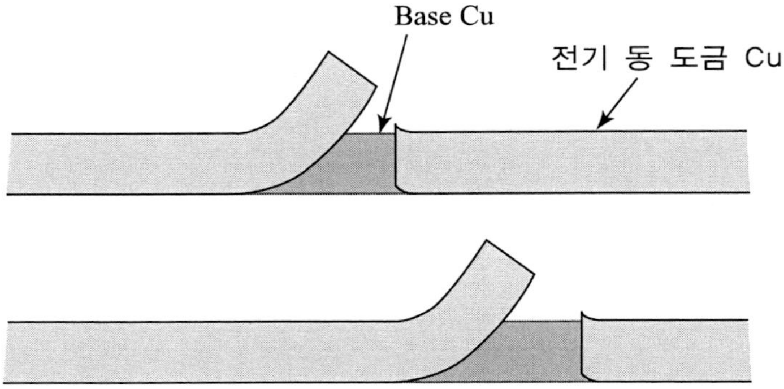

원 인

1. D/F 현상 작업 시 미 현상이 발생하여 회로에 아주 얇은 D/F 레지스트 (resist) 막이 남아 있을 때 발생한다.
2. 전기 동 도금 전처리의 soft etching 처리가 거의 안 된 상태로 전기 동 도금이 진행되었을 때 발생한다.

방 지 대 책

1. D/F 현상 작업 시 조건(온도, 농도, break point, 현상 스프레이(spray) 압력 등)을 재확인하고 현상된 제품을 정밀 분석하여 조치한다.
2. 전기 동 도금 전처리 soft etching의 etch rate를 측정하고, 정상적인 처리가 되도록 조치한다.

불 량 명(블로우 홀(Blow hole))

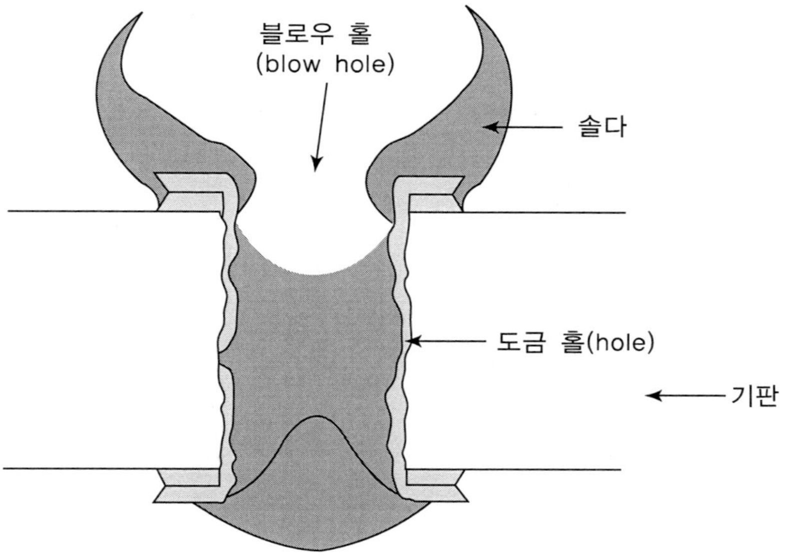

원 인

1. HAL 처리된 홀(hole) 속이 산화되었거나 최종 수세가 미 건조되어 산화되었을 때 발생한다.
2. 최종 제품의 홀(hole) 속에 습기가 남아 있을 때 발생한다.
3. 홀(hole) 속 전기 동 도금의 두께가 너무 얇은 부위에서 발생한다.
4. 홀(hole) 속 전기 동 도금에 보이드(void) 등의 도금불량이 있을 경우 발생한다.

방 지 대 책

1. HAL 처리 및 최종 수세 후 홀(hole) 속 산화 여부를 확인 보완한다.
2. 최종 출하 전 baking을 충분히 하여준다.
3. 홀(hole) 속 전기 동 도금 상태를 확인하고, 도금 두께, 보이드(void) 등의 문제를 확인 조치한다.

불 량 명(필름(film) 자국)
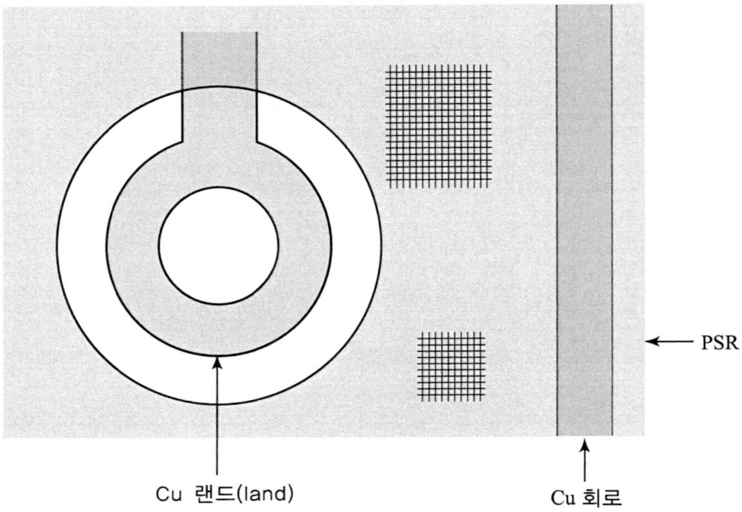
원 인
PSR 노광 시 vacuum(진공)이 과다하게 적용하였거나 PSR 잉크(ink) 인쇄 후 건조조건이 부족하여 PSR 필름(flim)이 PSR 잉크(ink)와 stick 되어 발생한다.
방 지 대 책
우선 PSR 잉크(ink) 인쇄 후 건조조건(온도, 시간)을 재확인해 보고 부족 시 (stick 현상이 있을 시)보완해 주고, PSR 노광 진공도의 적절 여부를 확인한다.

불 량 명(에폭시(epoxy) 변색–기판)

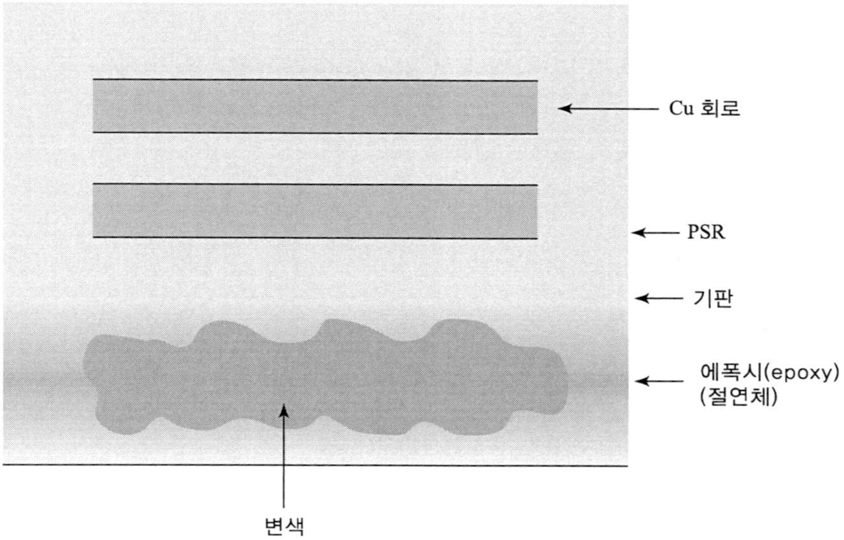

원 인

PSR 공정 후 및 M/K 인쇄 후 열경화 공정에서 너무 많이 열 공급이 되어 변색이 발생한다.

방 지 대 책

PSR 공정 후와 M/K 인쇄 공정 후 열 경화조건(온도, 시간)을 체크하여 과할 경우 재조정한다.

불 량 명(마킹 잉크(ink) 변색)

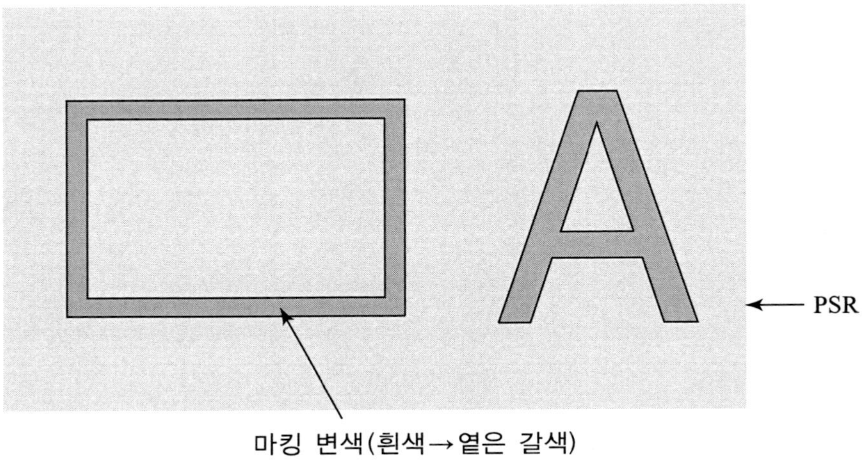

원 인

마킹(M/K) 인쇄 후 열 경화조건(온도, 시간)이 너무 과하여 변색이 발생한다.

방 지 대 책

마킹 인쇄 후 열 경화 조건을 재 체크하여 정확히 재조정한다.

참고문헌

1. PC fab, The Ideal hole by James P. Blaock February 1989

2. Circuitree magazine, sucessful Small hole Drilling by Ron Oritz, June 1991

3. Circuit world Vol.15. No.1, The effect of Solder mask on PCB Solderability by National physical Laboratory, Teddington, middlesex, england

4. PC fab, Increasing PCB Solderability by Bruce green March 1989

5. Circuit manufacturing, Cracks; the hidden Defact by John maxwell November

저자약력

김형록

1989년 인하대 물리학과 졸업
1989~1996년 (주)한일써키트 기술부 근무
1997~1998년 영익무역(주) 기술영업팀장
1999~2000년 주양전자(주) 기술부장
2005년 청운대학원 공학석사학위 취득
2001~현재 혜전대학 디지털 전자디자인과 교수

정가 15,000원

PCB 불량 분석

2011년 2월 9일 초판 인쇄
2011년 2월 17일 초판 발행
저 자 : 김형록
발행자 : 우명찬 · 송 준
발행처 : 홍릉과학출판사
주 소 : 서울시 강북구 수유5동 455-60
142-885
등 록 : 1976년 10월 21일 제5-66호
전 화 : (02) 999-2274, 996-8341, 903-7037
팩 스 : (02) 905-6729
ISBN : 978-89-7283-923-1
e-mail: hongpub@hongpub.co.kr
http://www.hongpub.co.kr